计算机及应用专业职业教育新课改教程

文字录入项目教程

丛书主编　陆瑞明

主　　编　丛春燕

主　　审　唐胜来

机 械 工 业 出 版 社

本书采用模块化的编写方法，分为英文打字、五笔打字、中文打字练习、五笔编码查询四个模块。

本书打破以往汉字录入教材的格局，对汉字录入的重点内容进行了调整。对于中文编辑、排版的内容，由于在计算机基础的 Word 里面有详细的介绍，本书没有重复讲述。本书的重点放在提高打字速度上，从指法开始，到快速五笔打字，一点一点地讲述打字要领，精心组织练习内容，由简到繁，逐步提高打字技能。在提供的练习材料中，既做到循序渐进，又注意到内容的广泛性、趣味性，在不知不觉中，提高打字速度。本书涉及的“单项练习”、“综合练习”等教学资源，可在网站 www.cmpedu.com 上免费注册，审核后登录下载。

本书适合作为职业院校计算机及相关专业的学生以及即将从事文字处理工作的人员学习用书。

图书在版编目（CIP）数据

文字录入项目教程 / 丛春燕主编．—北京：机械工业出版社，2009.11（2024.1 重印）
计算机及应用专业高等职业教育五年制新课改教程
ISBN 978-7-111-28520-5

Ⅰ．文⋯ Ⅱ．丛⋯ Ⅲ．文字处理—教材 Ⅳ．TP391.1

中国版本图书馆 CIP 数据核字（2009）第 184805 号

机械工业出版社（北京市百万庄大街 22 号 邮政编码 100037）
策划编辑：孔熹峻 责任编辑：蔡 岩
封面设计：鞠 杨 责任印制：郜 敏
中煤（北京）印务有限公司印刷
2024 年 1 月第 1 版第 22 次印刷
184mm×260mm・10.5 印张・257 千字
标准书号：ISBN 978-7-111-28520-5
定价：32.00 元

电话服务 网络服务
客服电话：010-88361066 机 工 官 网：www.cmpbook.com
010-88379833 机 工 官 博：weibo.com/cmp1952
010-68326294 金 书 网：www.golden-book.com
封底无防伪标均为盗版 机工教育服务网：www.cmpedu.com

前　言

本教材以岗位职业能力分析和职业技能考证为指导，按职业院校计算机及应用专业汉字录入教学基本要求进行编写。

本教材目的不仅仅让学生学会用五笔输入法打字，而且要求英文打字速度达到120字符/min，中文打字速度达到60字/min。为此，本教材的编写作了如下安排：

1．本教材共有四个教学模块，除模块四外，其余每个模块由若干个项目组成，每一个项目设计几个小任务，用两课时完成。

2．本课程以实训为主。在教学过程中，立足于加强学生实际操作能力的培养，通过大量练习提高打字技能。

3．教学中，注意避免枯燥、单调的练习。采用项目教学，激发学生的学习兴趣，达到良好的教学效果。

（1）通过创设趣味性情景，练习项目有近期热点新闻报道、故事、日常工作报告等不同形式，旨在不断提高学生学习兴趣，让学生愉快地完成学习。

（2）采用现场教学，注重以学生为主，“教”与“学”互动。在教学过程中，由教师提出分类推进的项目要求，学生在不断练习中逐步达到目标，掌握本课程的职业内容。

（3）教学过程中，有意识地将打字高手的经验不断地介绍给学生，指导学生正确练习，不断进步。

4．本教材采用过程评价、阶段评价和综合评价相结合的全新评价方法。结合平时测验、小组赛等多种形式，全面评定学生的学习成绩。充分发挥学生的主动性和积极性，提高学生的职业素养和职业能力。

5．教材中注意培养学生踏实、稳重、善于沟通和合作的品质，为提升学生职业素养奠定良好的基础。

6．本教材体现了新知识、新技术、新方法，适当留有供自学和拓宽专业的知识内容。

教材在编写过程中，参考了部分网站的文档资料，在此，向有关作者表示诚挚的谢意。

本书由陆瑞明任丛书主编，从春燕任主编，唐胜来任主审。

由于编者水平有限，书中难免有错误和不当之处，恳请读者不吝指正。

编　者

目　录

模块一　指法训练（30 课时）

项目一　了 解 打 字

项目描述

了解键盘，打字的姿势、要求，盲打的要求。

项目实施要求

了解目前常用键盘的种类、分区，正确的打字姿势，盲打的要求。

项目任务单

1	了解键盘
2	了解打字姿势
3	了解打字要求
4	了解盲打要求
5	课后作业

任务一：了解键盘

知识点：

键盘大体上可以分为标准键盘、非标准键盘和专用键盘三种。一般是 101 键和 104 键键盘，并占据市场的主流地位。近年来紧接着 104 键键盘出现的是新兴多媒体键盘，它在传统的键盘基础上又增加了不少常用快捷键或音量调节装置，使 PC 操作进一步简化。这些键盘基本上都分成五个区，即主键盘区、功能键区、编辑键区、辅助键区和状态指示区，如图 1-1 所示。

小提示

随着计算机技术的发展，键盘的形状和功能都更符合用户的要求，常用的键盘有 101、104 和 107 键，虽然键数不同，但是键盘上基本的按键并没有发生很大变化。

图 1-1 键盘的分区

1. 主键盘区

主键盘区也称打字键盘区或字符键区，具有标准英文打字机键盘的格式。它的排列位置与英文字母的使用频率有关。使用频率最高的键放在中间，使用频率低的放在两边，这种排列方式是依据我们的手指击键的灵活程度排出来的。食指、中指比小指和无名指的灵活度和力度好，故击键的速度也相应快一些，所以中指和食指所负责的字母键都是使用频率最高的。

主键盘区是计算机键盘中最重要的键区，它包括的键数最多，使用的频率也最高。这个区包括：字母键（A ～ Z）26 个，数字键（0 ～ 9）10 个，专用符号键（如 /，+，-，？等）和特殊功能键（如 Enter、Ctrl、Alt 等）。

小提示

在“控制面板”窗口中，双击“键盘”图标，打开“键盘属性”对话框，可以设置键盘的速度和语言。

2. 功能键区

在键盘的右方或上方有十个或十几个功能键，其功能根据不同的软件和用户设定。

3. 编辑键区

编辑键区位于主键盘区和辅助键盘区之间，它们可以完成一定的控制功能，与功能键相同，它们的控制功能也是在一定的操作系统和软件中完成的。从数据录入的角度来说，该键区只是起到一定的辅助作用，使用率不高。但是目前的一些实用软件中，允许用户通过控制键对程序或数据库进行编辑，使得该键区的使用率有所上升。

<PrintScreen>：屏幕打印键。在 DOS 中可以直接将屏幕图像输出到打印机，在 Windows 中则把当前屏幕的显示内容作为一个图像复制到剪贴板上。

<PauseBreak>：暂停屏幕显示键。在 DOS 中，按 <Ctrl>+<PauseBreak>，可终止程序的执行。

<Scroll Lock>：停止屏幕信息滚动，在DOS操作系统中使用较多。

<Insert>：插入键。在插入和替换之间转换。

<Home>：起始键。按下此键，光标移至当前行的行首。同时按下Ctrl键和Home键，光标移至首行行首。

<End>：终止键。按下此键，光标移至当前行的行尾。同时按下Ctrl键和End键，光标移至末行行尾。

<Page Up>：向前翻页键。按此键，可以翻到上一页。

<Page Down>：向后翻页键。按此键，可以翻到下一页。

<Delete>：删除键。可以删除紧跟光标后的字符。

4. 辅助键区

键盘的右方还有一个数字小键盘，其上有九个数字键，其排列紧凑，可用于数字的连续输入，用于大量输入数字的情况，如在财会的输入方面就经常用该数字键盘。当使用小键盘输入数字时应按下<Num Lock>，此时对应的指示灯亮。不用于输入数字时，对应的<Num Lock>指示灯不亮。在编辑状态时上下左右箭头和<Home>、<End>键用于光标的移动，<Page Up> <Page Down>键用于上下翻页等。

小提示

在辅助键区上方有3个指示灯，主要用来提示键盘工作状态，其中，<Num Lock>灯亮时，表示可以在数字键区输入数字，<Caps Lock>灯亮时，表示目前输入的是大写字母。

5. 状态指示区

状态指示区用来提示一些功能键的状态。

任务二：了解打字姿势

知识点：

开始打字之前一定要端正坐姿。如果坐姿不正确，不但会影响打字速度的提高，而且还很容易疲劳和出错。如果以打字为职业，姿势不对还会影响身心健康。所以在开始学习打字之前一定要掌握正确的坐姿。请在开始打字之前根据以下几条检查自己，并仔细体会不同坐姿的不同感受。

图1-2 正确的坐姿

正确坐姿，如图1-2所示。

1）身体保持端正，两脚平放。桌椅的高度以双手可平放桌上为准，桌、椅间的距离以手指能自然放在基准键位为准。

2）两臂自然下垂，两肘贴于腋边。肘关节呈垂直弯曲，手腕平直，身体与打字桌的距离为 20 ～ 30cm。击键的速度主要来自手腕，所以手腕要下垂不可弓起。

3）打字教材或文稿放在键盘的左边，或用专用夹，夹在显示器旁边。打字时眼观文稿，身体不要跟着倾斜，开始时一定不要养成看键盘输入的习惯，视线应专注于文稿。

4）应默念文稿，不要出声。

5）文稿处要有充足的光线，这样眼睛不易疲劳。

任务三：了解打字要求

知识点：

1. 打字的基本指法（主键盘的指法）

我们把“ASDFJKL；”这八个键称为基准键，准备打字时除拇指外其余的八个手指分别放在基准键上。应注意 F 键和 J 键均有突起，两个食指定位其上，拇指放在空格键上，可依此实现盲打如图 1-3、图 1-4 所示。

图 1-3　基准键位手的摆放

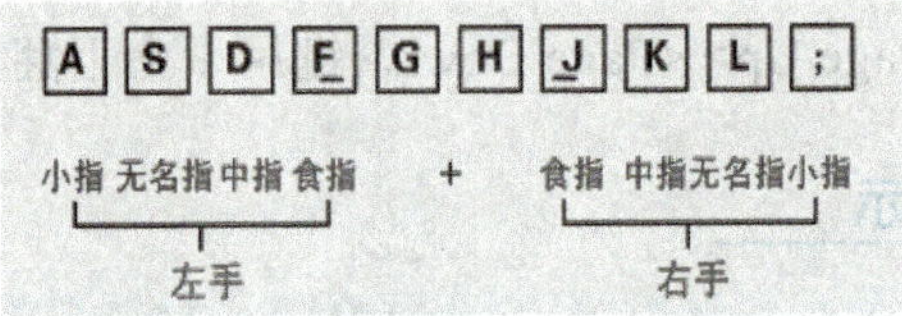

图 1-4　基准键位指法图

2. 要求

1）十指分工，包键到指，分工明确。

2）任一手指击键后都应迅速返回基准键，这样才能熟悉各键位之间的实际距离，实现盲打。

3）平时手指稍微弯曲拱起，手指稍斜垂直放在键盘上，指尖后的第一关节成弧形，轻放键位中间，手腕要悬起不要压在键盘上。击键的力量来自手腕，尤其是小拇指，仅用它的力量会影响击键的速度。

4）击键要短促，有弹性。用手指头击键，不要将手指伸直来按键。

5）速度应保持均衡，击键要有节奏，力求保持匀速，无论哪个手指击键，该手的其他手指也要一起提起上下活动，而另一只手的各指则放在基准位上。

6）空格键用拇指侧击，右手小指击回车键。

任务四：了解盲打要求

知识点：

学习电脑打字首先要做到的就是“盲打”，也叫“触觉打字”，就是眼睛不看键盘，只靠指法规律用手摸打。如果不按指法规律打字，那么打字时就又要看键盘，又要看稿件，势必顾此失彼，失去快速打字的意义。

单调的重复对于提高技艺是最好的训练，自始至终严格地按指法要求练习，一开始慢点不要紧，只要养成正确的指法后，速度逐渐地就会越来越快，就能充分享受到快速打字的“乐趣”了。

要做到“盲打”，需注意以下几点：

1）“键感”——所谓“键感”就是在“敲击”字键时要注意“击”键，而不是“按”键和“压”键。

“击”键就要短促有力，一触即起，犹如触电一样，要干脆利落，不可拖泥带水。

“击”键完毕手指要迅速退回原位（基准键）上，不能同时击两个键。

“击”键的频率要均匀而有节奏，这也是提高输入速度的关键技巧之一。

2）“键位”——计算机键盘上字键的位置是按照各英文字母在文章中出现机会的大小来排列的。操作者必须牢记基准键与手指的对应关系。击键后，手指必须回归到原基准键上。

3）“距离”——在强调“击键”的同时，应注意第一指关节与键面的距离（1～1.5cm），也就是说“击”的力度要适当。

4）“键速”——掌握“正确指法要领”的根本目的在于提高键速，有一定速度的电脑打字才是真正有实际意义的打字。

任务五：课后作业

要求：牢记打字的姿势，指法要求。

项目二 基准键的输入

项目描述

学习基准键位 A、S、D、F、J、K、L；的输入法。

项目实施要求

手指分工明确，准确熟练地输入 A、S、D、F、J、K、L；八个基准键。

项目任务单

1	基本练习
2	强化练习
3	课后作业

任务一：基本练习

知识点：

基准键位在键盘中的位置如图 2-1 所示。当手指不用敲击任何键时，手指应固定在基准位上，随时待命。在做基本键练习时，应按规定把手指分布在基准键上，有规律地练习每个手指的指法和键感，同时要学会击打空格键和回车键。

图 2-1　基准键位示意图

基本练习

在 Word 中尝试输入练习 1 到练习 5 的内容。

练习 1：左右手食指练习

（1）jjff ffjj jjff ffjj jjff ffjj jjff ffjj jjff ffjj jjff ffjj jjff ffjj jjff ffjj jjff ffjj jjff ffjj jjff ffjj jjff ffjj

（2）jf fj jf

（3）jfj fjf jfj fjf jfj fjf jfj fjf jfj fjf jfj fjf jfj fjf jfj fjf jfj fjf jfj fjf jfj fjf jfj fjf jfj fjf jfj fjf jfj fjf jfj fjf

（4）jfjf fjfj jfjf fjfj jfjf fjfj jfjf fjfj jfjf fjfj jfjf fjfj jfjf fjfj jfjf fjfj jfjf fjfj jfjf fjfj jfjf fjfj jfjf fjfj

练习 2：左右手中指练习

（1）dddd kkkk dddd kkkk dddd kkkk dddd kkkk dddd kkkk dddd kkkk dddd

（2）dk kd dk kd dk kd dk kd dk kd dk kd dk kd dk kd dk kd dk kd dk kd dk kd dk kd dk kd

（3）kdk dkd kdk dkd kdk dkd kdk dkd kdk dkd kdk dkd kdk dkd kdk dkd kdk dkd kdk dkd

（4）dkkd kddk dkkd kddk dkkd kddk dkkd kddk dkkd kddk dkkd kddk dkkd kddk dkkd

练习 3：左右手无名指练习

（1）ssss llll ssss llll ssss llll ssss llll ssss llll ssss llll ssss llll ssss llll ssss llll ssss llll ssss llll

（2）sl ls sl

（3）ssl lls ssl lls ssl lls ssl lls ssl lls ssl lls ssl lls ssl lls ssl lls ssl lls ssl lls ssl lls ssl lls

（4）slls lssl slls lssl slls lssl slls lssl slls lssl slls lssl slls lssl slls lssl slls lssl slls lssl slls lssl

练习 4：左右手小指练习

（1）aaaa ;;;; aaaa ;;;; aaaa ;;;; aaaa ;;;; aaaa ;;;; aaaa ;;;; aaaa ;;;; aaaa ;;;; aaaa ;;;; aaaa ;;;; aaaa

（2）a; ;a a; ;a a; ;a a; ;a a; ;a a; ;a a; ;a a; ;a a; ;a a; ;a a; ;a a; ;a a; ;a a; ;a a; ;a a; ;a a; ;a a; ;a a;

（3）a;a ;a; a;a ;a; a;a ;a; a;a ;a; a;a ;a; a;a ;a; a;a ;a; a;a ;a; a;a ;a; a;a ;a; a;a ;a; a;a ;a; a;a ;a; a;a

（4）a;;a ;aa; a;;a ;aa; a;;a ;aa; a;;a ;aa; a;;a ;aa; a;;a ;aa; a;;a ;aa; a;;a ;aa; a;;a ;aa; a;;a ;aa; a;;a

练习 5：综合练习

（1）fdsa ;lkj fdsa ;lkj fdsa ;lkj fdsa ;lkj fdsa ;lkj fdsa ;lkj fdsa ;lkj fdsa ;lkj fdsa ;lkj fd

（2）dfjk jkdf dfjk jkdf dfjk jkdf dfjk jkdf dfjk jkdf dfjk jkdf dfjk jkdf dfjk jkdf dfjk

（3）fja; adk; fja; adk; fja; adk; fja; adk; fja; adk; fja; adk; fja; adk; fja; adk; fja; adk; fja; adk;

（4）asdf jkl; asdf jkl; asdf jkl; asdf jkl; asdf jkl; asdf jkl; asdf jkl; asdf jkl; asdf jkl; asdf jkl;

（5）k;ld d;la k;ld d;la k;ld d;la k;ld d;la k;ld d;la k;ld d;la k;ld d;la k;ld d;la k;ld d;la k;ld d;la

（6）adlk fdsa adlk fdsa adlk fdsa adlk fdsa adlk fdsa adlk fdsa adlk fdsa adlk fdsa adlk fdsa

小提示

> 对于初学者来说，最容易把 8 个基准键位的手指位置放错，要注意这方面的问题并及时纠正。

任务二：强化练习

1）初级键位练习。

在我们进行打字练习之前，大家可以根据自己的情况，与自己水平相近的同学组成练习小组，在以后的打字练习中，同一组的同学之间相互学习，相互鼓励，相互帮助，共同进步。

我们利用“金山打字”练习软件进行。在桌面上双击“金山打字”图标，启动“金山打字”程序，操作过程如图 2-2 ～ 2-5 所示。

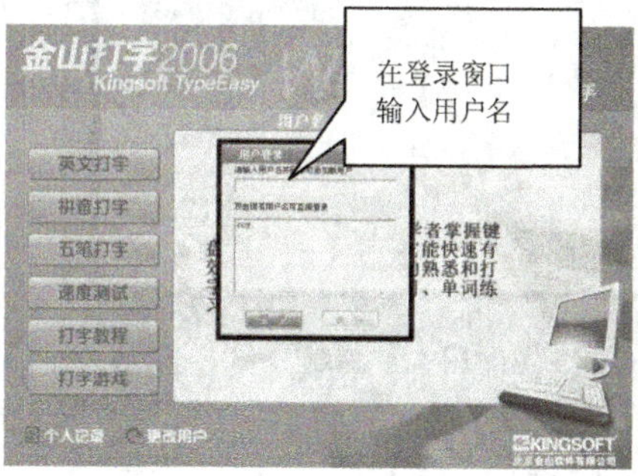

图 2-2　操作过程（一）

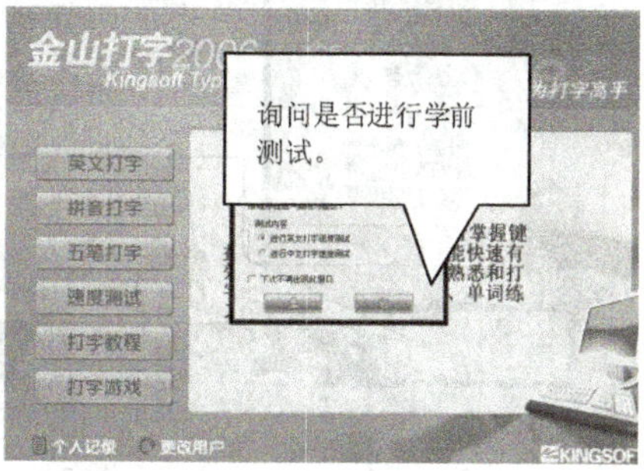

图 2-3　操作过程（二）

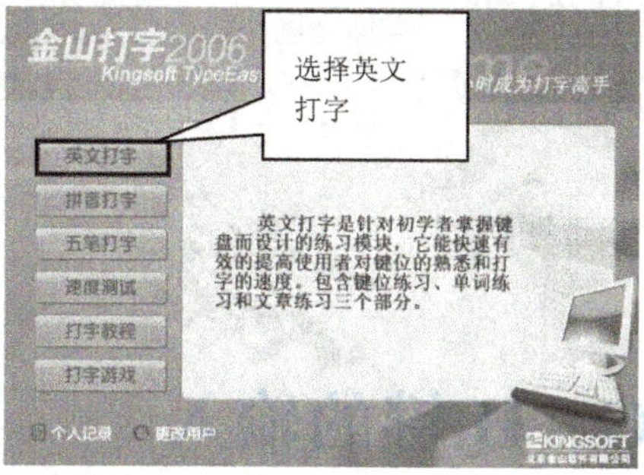

图 2-4　操作过程（三）

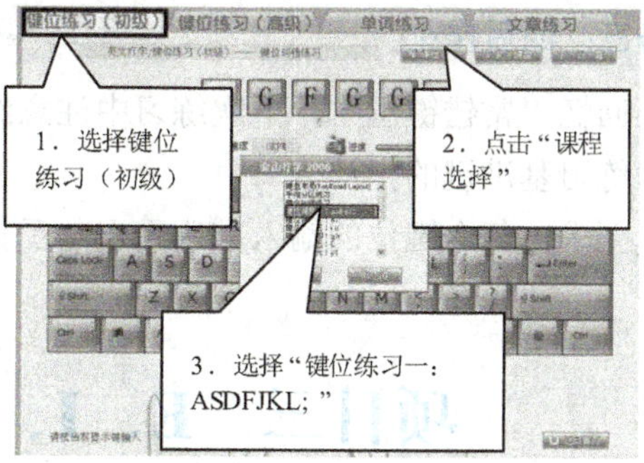

图 2-5　操作过程（四）

2）当手指对每个键的键位形成感觉之后，就可以选择“英文打字”→“键位练习（高级）”、“单词练习”、“文章练习”等。

3）过程评价：记录今天的速度、正确率，与同组的同学比较一下，看看谁的进步更大。

速度________________，正确率________________。

4）自我总结。

练习结束之后，返回到刚才的登录窗口，如图 2-2 所示，点击左下角的“个人记录”，打开个人管理，如图2-6所示。这时你就可以看到你练习过程中的“综合信息”、“常错键位”、“常错汉字”、“英文练习”、“拼音练习”、“五笔练习”、“速度测试”等相关内容。及时总结，这对提高你的打字水平有很大帮助。

将“常错键位”及时记录下来，下次练习的时候，就重点注意这些键位，这样你的打字技术就能很快提高了。

常错键位：______________________________。

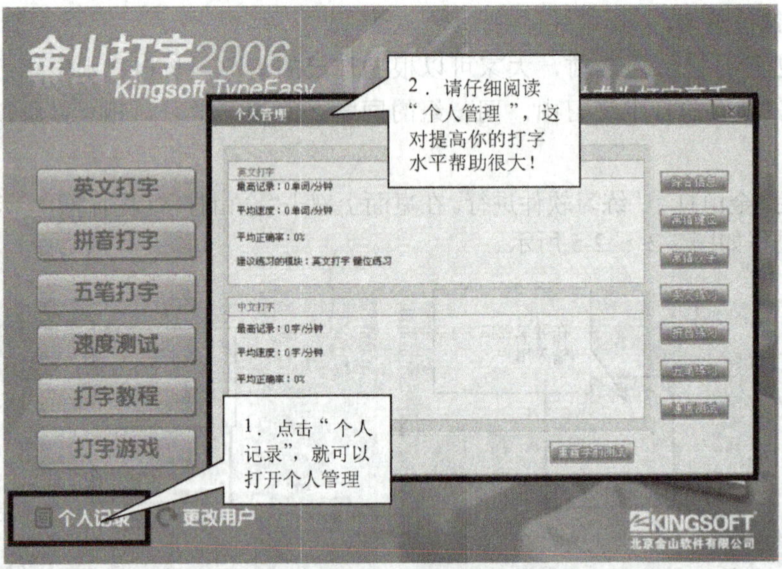

图 2-6　个人管理

任务三：课后作业

1）回忆“常错键位”，下次练习中注意纠正。

2）练习基准键的指法。

3）要求：每个键位的输入准确无误，手指分工明确。

项目三　E、I、G、H 键的输入

项目描述

学习 E、I、G、H 键的输入法。

项目实施要求

手指分工明确，准确熟练地输入 E、I、G、H 键。

项目任务单

1	基本练习
2	强化练习
3	课后作业

任务一：基本练习

知识点：

E、I、G、H 键在键盘上的位置如图 3-1 所示。根据键盘规则，输入 E 字符时由原在 D 键位的左手中指击 E 键。输入 I 字符时由原在 K 键的右手中指击 I 键。G 键由左手食指控制，H 键由右手食指控制。输入 G 时，用原来击打 F 键的左手食指向右伸一个键位的距离击 G 键。同样击打 H 键的右手食指向左伸一个键位的距离。

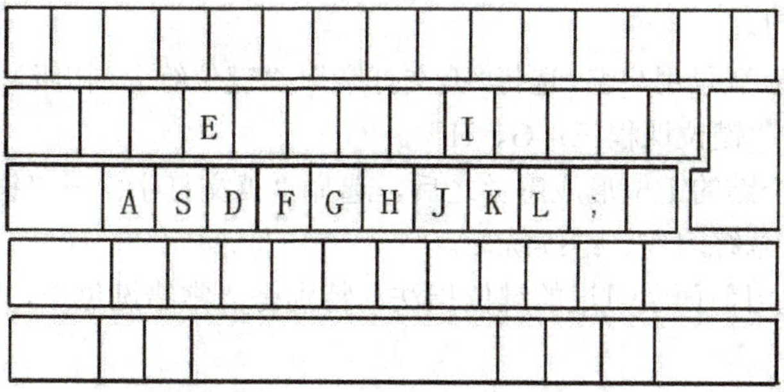

图 3-1　E、I、G、H 键在键盘上的位置示意图

基本练习

在 Word 下尝试输入练习 1 ～ 4 的内容。

练习 1：E、I 键的练习

（1）ee ii ee ii ee ii ee ii ee ii ee ii ee ii ee ii ee ii ee ii ee ii ee ii ee ii ee ii ee ii ee ii

（2）ei ie ei ie ei ie ei ie ei ie ei ie ei ie ei ie ei ie ei ie ei ie ei ie ei ie ei ie ei ie ei ie

（3）eie iei eie iei eie iei eie iei eie iei eie iei eie iei eie iei eie iei eie iei eie iei eie iei eie

（4）ieei eiie ieei eiie ieei eiie ieei eiie ieei eiie ieei eiie ieei eiie ieei eiie ieei eiie ieei eii

练习 2：E、I 键与其他键的练习

（1）sail sail sail sail sail sail sail sail sail sail sail sail sail sail sail sail sail sail sail sail

（2）fed fed fed fed fed fed fed fed fed fed fed fed fed fed fed fed fed fed fed fed

（3）ill ill ill ill ill ill ill ill ill ill ill ill ill ill ill ill ill ill ill ill ill ill ill ill ill ill ill ill ill

（4）lake lake lake lake lake lake lake lake lake lake lake lake lake lake lake lake

（5）idea idea idea idea idea idea idea idea idea idea idea idea idea idea idea idea

（6）leaf leaf leaf leaf leaf leaf leaf leaf leaf leaf leaf leaf leaf leaf leaf leaf leaf leaf

练习 3：G、H 键的练习

（1）gg hh gg hh gg hh gg hh gg hh gg hh gg hh gg hh gg hh gg hh gg hh gg hh gg

（2）gh hg gh hg gh hg gh hg gh hg gh hg gh hg gh hg gh hg gh hg gh hg gh hg gh

（3）ghg hgh ghg hgh ghg hgh ghg hgh ghg hgh ghg hgh ghg hgh ghg hgh ghg hgh ghg

（4）ghhg hggh ghhg hggh ghhg hggh ghhg hggh ghhg hggh ghhg hggh ghhg hggh ghhg

练习 4：G、H 键与其他键的练习

（1）ghf hkl ghf hkl ghf hkl ghf hkl ghf hkl ghf hkl ghf hkl ghf hkl ghf hkl ghf hkl ghf

（2）gag gag gag gag gag gag gag gag gag gag gag gag gag gag gag gag gag gag gag

（3）high high high high high high high high high high high high high high high high

（4）has has has has has has has has has has has has has has has has has has has has

（5）jhja jhja jhja jhja jhja jhja jhja jhja jhja jhja jhja jhja jhja jhja jhja jhja jhja jhja

（6）had had had had had had had had had had had had had had had had had had had

任务二：强化练习

1）初级键位练习。

打开“金山打字”，登录用户名，选择“英文打字”→“键位练习（初级）”→“课程选择”→“键位课程二：E、I”，“键位课程三：G、H”。

2）当手指对每个键的键位形成感觉之后，选择“英文打字”→“键位练习（高级）”，“单词练习”，“文章练习”、继续练习。

这时，要注意复习前面学习过的键位指法，特别是“常错键位”，加强练习。

3）过程评价：

练习结束后请记录：速度：__________________，正确率：__________________。

4）自我总结。

每一次练习结束之后，返回登录窗口，打开“个人管理”，及时查看练习过程中“综合信息”、“常错键位”、“常错汉字”、“英文练习”、“拼音练习”、“五笔练习”、“速度测试”等相关内容。将“常错键位”记录下来，在下次练习中注意纠正，这样你的打字技术就能很快提高了。

常错键位：______________________________。

上次练习中的“常错键位”，在今天的练习中，错误次数是否减少了？

任务三：课后作业

1）回忆“常错键位”，下次练习中注意纠正。

2）练习基准键位和 E、I、G、H 键的指法。

3）要求：每个键位的输入准确无误，手指分工明确。

项目四　R、T、Y、U 键的输入

项目描述

学习 R、T、Y、U 键的输入法。

项目实施要求

手指分工明确，准确熟练地输入 R、T、Y、U 键。

项目任务单

1	基本练习
2	强化练习
3	课后作业

任务一：基本练习

知识点：

R、T、Y、U 键在键盘上的位置如图 4-1 所示。输入 R 时，用原击 F 键的左手向前（微向左）伸出击 R 键，击毕立即缩回，放在基本键 F 上；若该手指向前（微偏右）伸，就可以击 T 键，输入 T。输入 U 时，用原击 J 键的右手指向前（微偏左）击 U 键。输入 Y 时，右手食指向 U 键的左方移动一个键的距离。

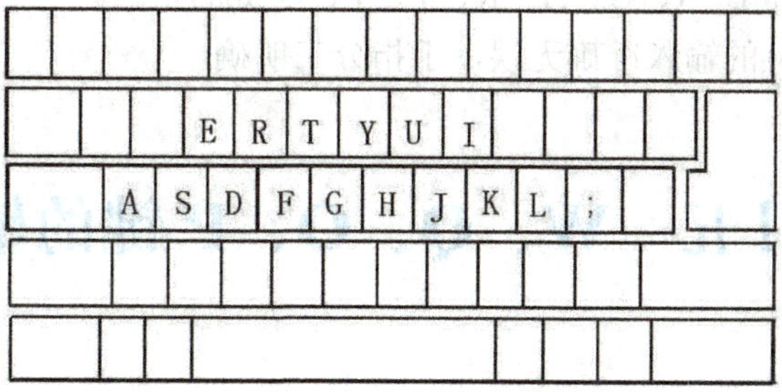

图 4-1　R、T、Y、U 键在键盘上的位置示意图

基本练习

在 Word 下尝试输入练习 1、练习 2 的内容。

练习 1：R、T、Y、U 键的练习

（1）rtyu uytr rtyu uytr rtyu uytr rtyu uytr rtyu uytr rtyu uytr rtyu uytr rtyu uytr rtyu uytr

（2）rrty uutr rrty uutr rrty uutr rrty uutr rrty uutr rrty uutr rrty uutr rrty uutr rrty uutr rrty

（3）tyur ruyt tyur ruyt tyur ruyt tyur ruyt tyur ruyt tyur ruyt tyur ruyt tyur ruyt tyur ruyt

（4）uurr ttyy uurr ttyy uurr ttyy uurr ttyy uurr ttyy uurr ttyy uurr ttyy uurr ttyy uurr ttyy

练习 2：R、T、Y、U 键与其他键的练习

（1）duty duty duty duty duty duty duty duty duty duty duty duty duty duty duty duty dut

（2）salt salt salt salt salt salt salt salt salt salt salt salt salt salt salt salt salt salt salt salt

（3）shut shut shut shut shut shut shut shut shut shut shut shut shut shut shut shut shut

（4）full full full full full full full full full full full full full full full full full full full

（5）dark dark dark dark dark dark dark dark dark dark dark dark dark dark dark dark

（6）flag flag flag flag flag flag flag flag flag flag flag flag flag flag flag flag flag flag

任务二：强化练习

1)打开“金山打字”练习软件，登录用户名。选择“英文打字”→“键位练习(初级)”→“课程选择”，选择相应的键位课程。

2)当手指对每个键的键位形成感觉之后，就可以选择“英文打字”→“键位练习(高级)”、“单词练习”、“文章练习”，继续练习。

请注意复习已学过的键位指法，特别是“常错键位”，加强练习。

3）过程评价：

练习结束后请记录：速度：____________________，正确率：____________________。

4）自我总结。

常错键位：____。

上次练习中的“常错键位”，在今天的练习中，错误次数是否减少了？

任务三：课后作业

1）回忆“常错键位”，下次练习中注意纠正。

2）练习基准键位和 E、I、G、H、R、T、Y、U 键的指法。

3）要求：每个键位的输入准确无误，手指分工明确。

项目五 W、Q、O、P 键的输入

项目描述

学习 W、Q、O、P 键的输入法。

项目实施要求

手指分工明确，准确熟练地输入 W、Q、O、P 键。

项目任务单

1	基本练习
2	强化练习
3	课后作业

任务一：基本练习

知识点：

W、Q、O、P 键在键盘上的位置如图 5-1 所示。输入 W 时，用原击 S 键的无名指向前（微向左）伸出击 W 键；输入 Q 时，改用左手小指击 Q 键即可；输入 O 时，用原击 L 键的无名指向前（微偏左）伸出击 O 键；输入 P 时，改用右手小指击 P 键即可。

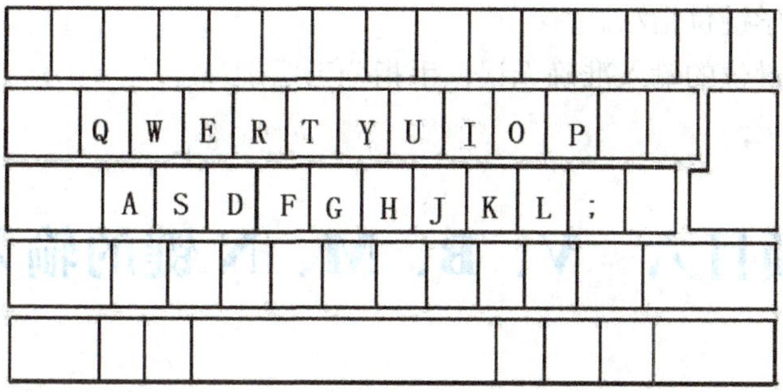

图 5-1 W、Q、O、P 在键盘上的位置示意图

基本练习

在 Word 下尝试输入练习 1、练习 2 的内容。

练习 1：W、Q、O、P 键的练习

（1）wo wo wo wo wo wo wo wo wo wo wo wo wo wo wo wo wo wo wo wo wo wo wo

（2）qp qp qp qp qp qp qp qp qp qp qp qp qp qp qp qp qp qp qp qp qp qp qp qp qp qp

（3）qwop qwop qwop qwop qwop qwop qwop qwop qwop qwop qwop qwop qwop

（4）qopw qopw qopw qopw qopw qopw qopw qopw qopw qopw qopw qopw qopw

练习 2：W、Q、O、P 键与其他键的练习

（1）owe owe owe owe owe owe owe owe owe owe owe owe owe owe owe owe owe

（2）park park park park park park park park park park park park park park park park

（3）will will will will will will will will will will will will will will will will will will

（4）hold hold hold hold hold hold hold hold hold hold hold hold hold hold hold hold

（5）pass pass pass pass pass pass pass pass pass pass pass pass pass pass pass pass

（6）look look look look look look look look look look look look look look look look

任务二：强化练习

1）打开“金山打字”练习软件，登录用户名，选择“英文打字”→“键位练习（初级）”→“课程选择”→“键位课程九、键位课程十：W、Q、O、P”。

2）当手指对每个键的键位形成感觉之后，就可以选择“英文打字”→“键位练习（高级）”、“单词练习”、“文章练习”，继续练习。

请注意复习已学过的键位指法，特别是“常错键位”，加强练习。

3）过程评价：

练习结束后请记录：速度：________________，正确率：________________。

4）自我总结。

上次练习中的“常错键位”，在今天的练习中，错误次数是否减少了？

任务三：课后作业

1）回忆“常错键位”，下次练习中注意纠正。

2）继续练习所学键位指法。

3）要求：每个键位的输入准确无误，手指分工明确。

项目六　V、B、M、N键的输入

项目描述

学习V、B、M、N键的输入法。

项目实施要求

手指分工明确，准确熟练地输入V、B、M、N键。

项目任务单

1	基本练习
2	强化练习
3	课后作业

任务一：基本练习

知识点：

V、B、M、N的键位在键盘上位置如图6-1所示。输入V时，用原击F键的左手食指向内（微偏左）屈伸击V键；输入B时，左手食指比输入V时再向右移一个键位的距离击B键。输入M时，用原击J键的食指向内（微偏右）屈伸击M键；输入N时，该手指向内（微偏左）屈伸击N键。

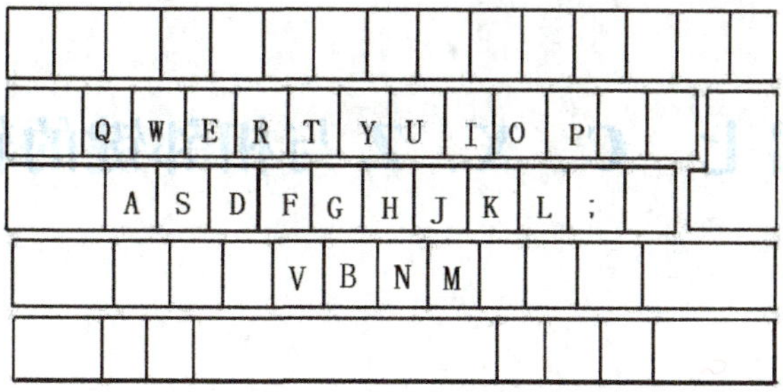

图 6-1　V、B、M、N 键在键盘上的位置示意图

基本练习

在 Word 下尝试输入练习 1、练习 2 的内容。

练习 1：V、B、M、N 键的练习

（1）vbmn vbmn vbmn vbmn vbmn vbmn vbmn vbmn vbmn vbmn vbmn vbmn vbmn

（2）bbmn bbmn bbmn bbmn bbmn bbmn bbmn bbmn bbmn bbmn bbmn bbmn bbmn

（3）mmvb mmvb mmvb mmvb mmvb mmvb mmvb mmvb mmvb mmvb mmvb mmvb

（4）vvnn vvnn vvnn vvnn vvnn vvnn vvnn vvnn vvnn vvnn vvnn vvnn vvnn vvnn vvnn

练习 2：V、B、M、N 键与其他键的练习

（1）home home home home home home home home home home home home home

（2）down down down down down down down down down down down down down

（3）move move move move move move move move move move move move move

（4）send send send send send send send send send send send send send send send send

（5）save save save save save save save save save save save save save save save save

（6）mark mark mark mark mark mark mark mark mark mark mark mark mark mark

任务二：强化练习

1）打开“金山打字”练习软件，选择“英文打字”→“键位练习（初级）”，选择相应的键位课程。

2）当手指对每个键的键位形成感觉之后，就可以选择“英文打字”→“键位练习（高级）”、“单词练习”、“文章练习”，继续练习。

请注意复习已学过的键位指法，特别是“常错键位”，加强练习。

3）过程评价：

练习结束后请记录：速度：＿＿＿＿＿＿＿＿＿＿，正确率：＿＿＿＿＿＿＿＿＿＿。

4）自我总结。

常错键位：＿＿＿＿＿＿＿＿＿＿＿＿＿＿＿＿＿＿。

任务三：课后作业

1）回忆“常错键位”，下次练习中注意纠正。

2）继续练习所学键位指法。

3）要求：每个键位的输入准确无误，手指分工明确。

项目七　C、X、Z与相邻键的输入

项目描述

学习 C、X、Z 与相邻键的输入法。

项目实施要求

手指分工明确，准确熟练地输入 C、X、Z 与相邻键。

项目任务单

1	基本练习
2	强化练习
3	课后作业

任务一：基本练习

知识点：

C、X、Z 与相邻键在键盘上的位置如图 7-1 所示。C、X、Z 键分别用左手的中指、无名指和小指敲击；左右两个 Shift 键分别用左、右手的小指敲击，< 键、> 键和 ? 键，分别用右手的中指、无名指和小指敲击，如果要输入这 3 个键上的上档符号，就用左手按住 Shift 键的同时按相应原键位。

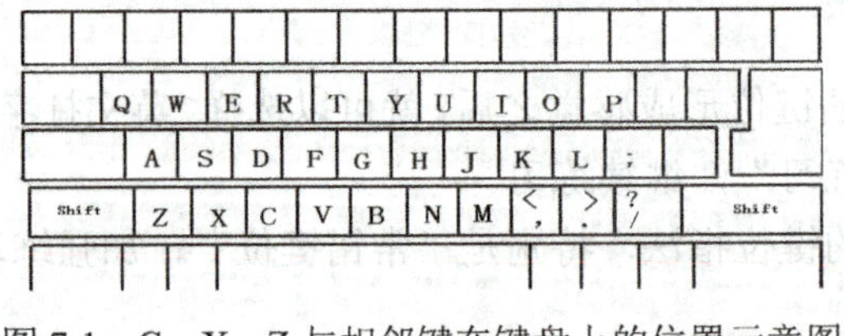

图 7-1　C、X、Z 与相邻键在键盘上的位置示意图

基本练习

在 Word 下尝试输入练习 1、练习 2 的内容。

练习 1：符号键练习

（1）。，　。，　。，　。，　，　。，　。，　。，　。，　。，　。，　。，

（2）< > < > < > < >　< > < > < > < > < > < > < >

（3）。，　。，　。，　。，　。，　。，　。，　。，　。，　。，　。，　。

（4）< > < > ， 。 ， 。< > < > ， 。 ， 。< > < > ， 。 ， 。

练习 2：C、X、Z、？键的练习。

（1）zxc? zxc? zxc? zxc? zxc? zxc? zxc? zxc? zxc? zxc? zxc? zxc? zxc? zxc? zxc? zxc?

（2）zzxx zzxx zzxx zzxx zzxx zzxx zzxx zzxx zzxx zzxx zzxx zzxx zzxx zzxx zzxx

（3）cc?? cc?? cc?? cc?? cc?? cc?? cc?? cc?? cc?? cc?? cc?? cc?? cc?? cc?? cc?? cc??

（4）c?xz c?xz c?xz c?xz c?xz c?xz c?xz c?xz c?xz c?xz c?xz c?xz c?xz c?xz c?xz c?xz

练习 3：C、X、Z 键与其他键的练习。

（1）cock cock cock cock cock cock cock cock cock cock cock cock cock cock cock

（2）exit exit exit exit exit exit exit exit exit exit exit exit exit exit exit exit exit exit exit

（3）zero zero zero zero zero zero zero zero zero zero zero zero zero zero zero zero zero

（4）zeal zeal zeal zeal zeal zeal zeal zeal zeal zeal zeal zeal zeal zeal zeal zeal zeal zeal

（5）next next next next next next next next next next next next next next next next next

任务二：强化练习

1）打开“金山打字”练习软件，选择“英文打字”→“键位练习”（初级），选择相应的键位课程。

2）当手指对每个键的键位形成感觉之后，就可以选择“英文打字”→“键位练习（高级）”、“单词练习”、“文章练习”，继续练习。

请注意复习已学过的键位指法，特别是“常错键位”，加强练习。

3）过程评价：

练习结束后请记录：速度：＿＿＿＿＿＿＿＿，正确率：＿＿＿＿＿＿＿＿。

4）自我总结。

常错键位：＿＿＿＿＿＿＿＿＿＿＿＿＿＿＿＿。

任务三：课后作业

1）回忆“常错键位”，下次练习中注意纠正。

2）继续练习所学键位指法。

3）要求：每个键位的输入准确无误，手指分工明确。

项目八　指法巩固练习（一）

项目描述

复习 26 个字母的指法键位。

项目实施要求

手指分工明确，准确熟练地输入 26 个字母。

项目任务单

1	技能学习
2	巩固练习
3	课后作业

任务一：技能学习

技能要点：

到目前为止，输入 26 个小写字母的指法，已经全部讲完了，请大家一定要牢记指法。先练指法和键位，然后练准确度，最后练速度。

指法：这是最基本的，有不少同学打字的时候，仍然眼睛盯住键盘，一个手指练“一指禅功”，这样对提速是绝对无益的！要想提高速度，一定要先把指法练好，尝试盲打。要想打字快，最基础的就是盲打，可能刚开始打时速度很慢，不要急，第一步是指法，先摸清键盘，速度我们以后再说。

准确度：打字的时候一定要沉稳，有时一慌张就会连错好多，因此要多加练习。

任务二：巩固练习

1）打开“金山打字”练习软件，选择“英文打字”→“键位练习”（初级或高级）→“课程选择”→“键位纠错练习”（或手指分区练习）。

2）记录今天的速度、正确率，与同组的同学比较一下，看看谁的进步更大。

速度：______________，正确率：______________。

3）自我总结。

常错键位：____________________________。

任务三：课后作业

1）回忆“常错键位”，复习已学过的键位指法。

2）要求：每个键位的输入准确无误，手指分工明确。

项目九　指法巩固练习（二）

项目描述

复习 26 个字母的指法键位。

项目实施要求

手指分工明确，准确熟练地输入 26 个字母。

项目任务单

1	技能学习
2	巩固练习
3	课后作业

任务一：技能学习

技能要点：

初学打字，掌握适当的练习方法，对于提高自己的打字速度、成为一名打字高手是必要的。

1）一定把手指按照分工放在正确的键位上。

2）有意识地记忆键盘各个字符的位置，体会不同键位上的字键被敲击时手指的感觉，逐步养成不看键盘的习惯。

3）进行打字练习时必须集中精力，做到手、脑、眼协调一致，尽量避免边看原稿边看键盘，这样容易分散记忆力，有的同学喜欢一边打字一边听MP3，这是一种不好的习惯，请尽快改掉。记住，一心不可二用！

4）初级阶段的练习即使速度慢，也一定要保证输入的准确性。

总之：正确指法＋键盘记忆＋集中精力＋准确输入＝打字高手

任务二：巩固练习

1）打开“金山打字”练习软件，选择“英文打字”→“键位练习”（初级或高级）→“课程选择”→“键位纠错练习”（或手指分区练习）。

2）记录今天的速度、正确率，与同组的同学比较一下，看看谁的进步更大。

速度：____________________，正确率：____________________。

3）自我总结。

常错键位：____。

任务三：课后作业

1）回忆“常错键位”，复习已学过的键位指法。

2）要求：每个键位的输入准确无误，手指分工明确。

项目十　大写字母的输入法

项目描述

学习大写字母的输入法。

项目实施要求

手指分工明确，准确熟练地输入所有的大写字母。

项目任务单

1	技能学习
2	强化练习
3	课后作业

任务一：技能学习

技能要点：

输入大写字母有两种方法：

（1）用“Shift”键。

操作方法：当处于小写状态，同时按下“Shift”和字母键，输入大写字母；反之，当处于大写状态时，同时按下“Shift”键和字母键，输入小写字母；这样可以快速方便地完成少量字母输入时的大小写切换。

（2）用“Caps lock ”大小写转换键。

“Caps Lock”：大小写转换键。控制“Caps Lock”灯的发亮或熄灭。“Caps Lock”灯亮，表示大写状态，否则为小写状态。“Caps Lock”键只对26个字母有影响。这种方法适用于较多字母输入时。

任务二：强化练习

1）打开“金山打字”练习软件，选择“英文打字”→“键位练习”（高级）→“课程选择”→“键位课程12：Capical—— 大写”。

2）当手指对每个键的键位初步形成感觉之后，就可以选择“英文打字”→“键位练习”（高级），继续进行练习。

3）记录今天的速度、正确率，与同组的同学比较一下，看看谁的进步更大。

速度：________________，正确率：________________。

4）自我总结。

常错键位：________________________________。

任务三：课后作业

1）继续练习所学的键位指法。

2）要求：每个键位的输入准确无误，手指分工明确。

项目十一　数字、标点符号的输入

项目描述

学习数字键、标点符号的输入法。

项目实施要求

手指分工明确，准确熟练地输入 0 ～ 9 十个数字、标点符号。

项目任务单

1	技能学习
2	强化练习
3	课后作业

任务一：技能学习

技能要点：

1. 键入纯数字的指法可以有两种

（1）利用键盘第一排的数字键。

将除了大拇指以外的 8 个手指放在第一排的数字键上，其方式与基准键的方法相对应，也就是“A”、“S”、“D”、“F”对应于“1”、“2”、“3”、“4”；“J”、“K”、“L”、“;”对应于“7”、“8”、“9”、“0”。

（2）利用右边的数字键区。

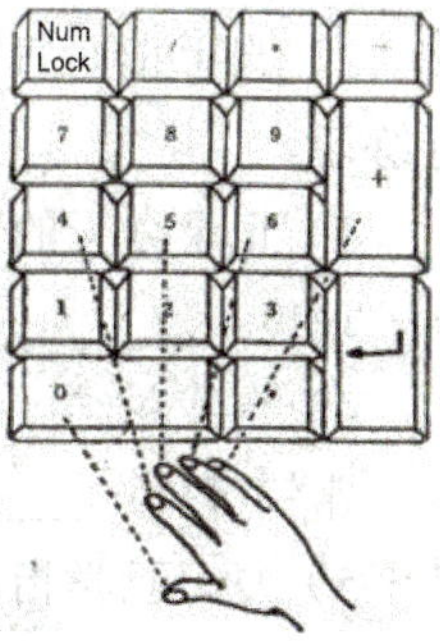

图 11-1 小键盘区指法

右边的数字键区，也叫辅助键区或小键盘区。小键盘区也有一定指法，如图 11-1 所示。除拇指专门负责“0”外，其余四指分管四列。即食指分管 1、4、7 键，中指分管 2、5、8 和 / 键，无名指分管 3、6、9、* 和 . 。小拇指分管 +、– 和回车。

2. 标点符号的输入方法

打字键区的符号键在键盘上的位置如图 11-2 所示。注意到，这一行的每一个键位上都有上、下两个字符。例如键，上面是“！”，下面是数字“1”。这种键叫双字符键。1、2、3、4、5 键分别用左手的小指、无名指、中指、食指和食指敲击，6、7、8、9、0 分别用右手的食指、食指、中指、无名指和小指敲击。要输入上档符号，则应按住 Shift 键的同时按住相应原键位。

“。”——句号（也用作数字中的小数点）。输入时用原击 L 键的右手无名指朝手心方向（微偏右）弯曲一些击“。”号键，击毕缩回。

“，”——逗号。输入逗号时，用原击 K 字键的右手中指朝手心方向（微偏右）弯曲一些击“，”键，击毕缩回。

“>”——大于号。它与句号在同一字键上，输入大于号时，左手小指按 Shift 键后，右手的动作与句号输入的手法一样，右手击毕，两手均立即回归基准键上。

“<”——小于号。它与逗号在同一字键上，输入小于号时，左手小指按 Shift 键后，右

手与输入逗号相同，不再赘述。

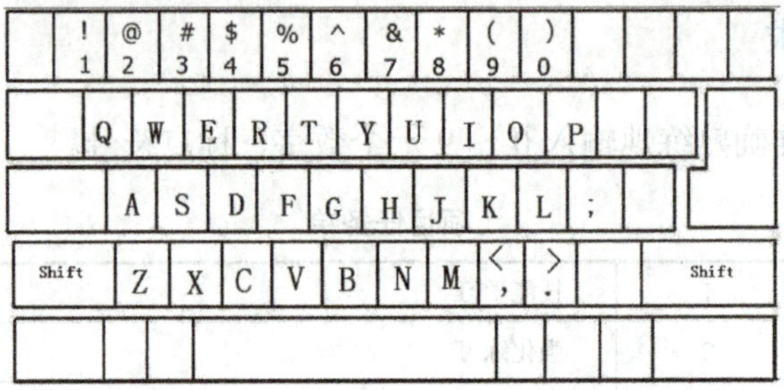

图 11-2　符号键在键盘上的位置示意图

任务二：强化练习

1）打开“金山打字”练习软件，选择“英文打字”→“键位练习”→“数字键盘”（或者，键位课程 14：英文标点符号）。

2）当手指对每个键的键位初步形成感觉之后，就可以选择键位练习（高级），继续进行练习。

3）记录今天的速度、正确率，与同组的同学比较一下，看看谁的进步更大。

速度：________________，正确率：________________。

4）自我总结。

常错键位：________________________________。

5）复习已学指法，注意纠错。

任务三：课后作业

1）继续练习所学的键位指法。

2）要求：每个键位的输入准确无误，手指分工明确。

项目十二　指法准确性练习

项目描述

盲打练习，重点是准确性。

项目实施要求

英文打字初步练习，正确率为 100%，速度为 50 ～ 60 字符 /min。

项目任务单

1	技能学习
2	强化练习
3	课后作业

任务一：技能学习

技能要点：

有许多失误的快速打字是没有意义的，所以必须同时提高打字的速度和准确性。对于职业打字员，日常所要求的打字速度，其键速在 6 键 /s 左右。但一个出色的打字员应能达到键速 8 键 /s 以上，即 480 ～ 500 键 /min 以上的速度。

为提高速度和准确性，最好的办法是将一段稿子反复练习，直到达到一定的速度和准确性，才可换稿练习。每练一遍，我们要把所用时间的错误个数记录下来进行比较，然后有重点地继续练习。比如我们选择一个句子，如：

When the sun shines，he likes to work in the open.

然后按下述不同的目标来循序渐进地反复练习，在每一步打完后统计在 1min 之内所打的字符数和错误个数。

1）保证准确性。用你所能维持的合理的、准确的最快速度去打。

2）提高速度。打练同一句子，此时是以提高速度为主要目的，随着速度的提高，出现的错误也可能同时上升。但只要不是错误百出、不成文字就行了。

在速度训练中，要求快速阅读。一个成熟的计算机文字录入员，输入时一般要将 70% 的注意力用在阅读原稿上，而把 30% 的注意力放在两手的动作上，将原稿上的每一个视觉信号迅速反映成指法（触觉信号）。在输入第一个单词时，眼睛已注意到下一个单词。这种叫作流水输入方法。

在练习打字时，除了要注意姿势和技术训练以外，还要注意心理训练。在做好准备以后，要不受其他任何事情的干扰，最大限度地集中精力做练习。阅读原稿的速度以手能跟上为宜。击键过程中，要注意体会处于不同键位上的字符被击时的手指的感觉和手指动作的差别。人们可以注意到一个熟练的计算机文字录入员在平时的工作中，一旦发生差错他会马上下意识地迅速改掉，而根本不用看键盘。

输入速度的提高除了要按前面所述的正规方法操作以外，还要多记、多练、形成条件反射。这是视觉（或听觉）到触觉的条件反射。

任务二：强化练习

1）键位练习。

打开“金山打字”练习软件，选择“英文打字”→“键位练习”（初级或高级）→“课程选择”→“键位纠错练习”。

2）记录今天的速度、正确率，与同组的同学比较一下，看看谁的进步更大。

速度：＿＿＿＿＿＿＿＿，正确率：＿＿＿＿＿＿＿＿。

3）自我总结。

常错键位：________________________________。

任务三：课后作业

1）继续练习所学的键位指法。

2）要求：每个键位的输入准确无误，手指分工明确。

项目十三　指法速度练习（一）

项目描述

盲打练习，重点是准确性

项目实施要求

英文打字初步练习，正确率为 100%，速度为 60 ～ 80 字符 /min。

项目任务单

1	技能学习
2	强化练习
3	课后作业

任务一：技能学习

技能要点：

前面我们讲过，每击完一个键以后手指要回到基准键上来，但这也有例外。当遇到有两个以上的连续字母或符号需要用同一手指完成击键动作时，就不必每击完一个键后手指都回到基准键上，而应连续击完以后再回到基准键上。比如输入“once”这个词时，左手食指击了 c 键后随即越过 d 键而去击 e 键。这就是人们所说的“凌空击键”和“多指凌空击键”的打法。“凌空击键”和“多指凌空击键”对提高速度很重要，在以后的汉字输入中更是常用。

需要强调的是，一定不要为了追求速度或准确性而抛弃良好的打字习惯。好的习惯是形成健全的打字技巧的必要基础。进行键盘输入最忌讳的是边看底稿边看键盘，或边看显示器屏幕上已输入的信息。这样做会使注意力分散，容易造成多打、漏打、串行等差错。

而听打，即速录，则是看屏幕打和看稿件打的更高层次。目前，我国的速录水平和速录技术已经有了较大的提高。但是，各行各业对速录员和速录的需求仍然很大，是一潜力巨大的市场。

任务二：强化练习

1）键位练习。

打开“金山打字”练习软件，选择“英文打字”→“键位练习”（初级或高级）→“课程选择”→“键位纠错练习”。

2）文章练习。

打开“金山打字”练习软件，选择“英文打字”→“文章练习”，“课程选择”→“普通文章”。

3）过程评价：

记录今天的速度、正确率，与同组的同学比较一下，看看谁的进步更大。

速度：________________，正确率：________________。

4）自我总结。

常错键位：________________________________。

任务三：课后作业

1）继续练习所学的键位指法。

2）要求：每个键位的输入准确无误，手指分工明确。

项目十四　指法速度练习（二）

项目描述

盲打练习，重点是速度和准确性

项目实施要求

达到盲打入门水平，键速 =1 ～ 2（键 /s），或者 80 ～ 100 字符 /min，正确率为 100%。

项目任务单

1	技能学习
2	强化练习
3	速度测试
4	课后作业

任务一：技能学习

技能要点：

1. 初学者易出现的错误

1）两字之间或标点符号之后的空格是最容易多出来或者遗漏的。

2）练习速度的时候，有不应留空格而留下了空格的情况，这是由于拇指与空格键距离太近，在连续击字键的过程中，大指无意间碰到空格键所致。

3）盲目贪图速度，太快和用力过猛。

4）速度练习还有两个常见的错误。一是把一只手的某指管辖的字键错记为另一只手的相应手指，使得输入的字符出错；二是击键过快时，击键的先后次序也容易搅乱。

5）要输入字键中部分“双义键”的符号时，要先用左（右）手按下 Shift 键，必须等到右（左）手击了所需要的符号键之后，左（右）手方可退回到基准键上。

6）在输入过程中，基准键位上的手指偏离或错位，会使得输入的结果面目全非。

2. 技术训练和心理训练

在键盘上进行准确性和快速性的训练中，除了强调正确的姿势外，还必须强调技术训练和心理训练相结合。应做到专心和正确。

有不少同学在训练过程中，喜欢一边听 MP3，一边打字，这是一个不好的习惯。

在眼看与手击之间，脑是桥梁。眼所看见的反映到脑子里，脑指挥手的动作完成击键；手的键感返回通知大脑动作完成，眼睛又去收集信息，其路径为：眼→脑→手→脑

直到输入结束，该循环才结束。但是，最熟练的打字员，其路径直接是：眼→手

不需要经过大脑的思考，这样速度就会很快了。

任务二：强化练习

1）单词练习。

打开“金山打字”练习软件，选择“英文打字”→“单词练习”。

2）文章练习。

打开“金山打字”练习软件，选择“英文打字”→“文章练习”，“课程选择”→“普通文章”。

3）过程评价：

记录今天的速度、正确率，与同组的同学比较一下，看看谁的进步更大。

速度：________________，正确率：________________。

4）自我总结。

常错键位：____________________________。

任务三：速度测试

1）进行过练习之后，是否对自己的速度有了信心呢。下面对自己的打字速度测试一下吧。

2）打开“金山打字”，选择“速度测试”→“课程选择”→“英文文章”。在“设置”

里面，你可以设置“换行方式”、“练习方式”、“完成方式”。一般，我们选择“完成方式”中的“时间设定模式”，完成时间为 20 ～ 25 分钟，这与职业打字员考试的时间一致。

3）请记录：

我今天打字的最快速度是________________。达到要求了吗？

如果没有达到今天的练习速度要求，不要灰心，继续努力。打字的功夫是练出来的功夫，只有在无数枯燥、单调的练习之后，你的打字速度才能慢慢提高。

任务四：课后作业

1）继续进行指法练习。

2）要求：每个键位的输入准确无误，手指分工明确。达到盲打入门水平，键速 =1 ～ 2（键 /s），或者 80 ～ 100 字符 /min，正确率 100%。

项目十五　英文打字速度测试

项目描述

盲打练习，重点是速度和准确性。

项目实施要求

达到盲打入门水平，键速 =1 ～ 2（键 /s），或者 120 字符 /min 以上，正确率 100%。

项目任务单

1	了解专业打字标准
2	强化练习
3	英文打字速度测试

任务一：了解专业打字标准

知识点：

1. 盲打的阶段标准

关于键速（键 /s）的阶段标准：

键速 =1 ～ 2　入门水平

键速 =3 ～ 4　初级水平

键速 =6 ～ 8　中、高级水平

一位来自捷克共和国的女性创造的新“吉尼斯世界纪录”是每分钟能在电脑键盘上准确无误地敲下 807 个键。

2. 汉字录入员的速度要求

初级录入员的录入速度要达到每分钟录入不少于 60 个正确的汉字、错误率不高于千分之四或每分钟输入英文字符不少于 180 个、错误率不高于千分之二。

中级录入员的录入速度要达到每分钟录入不少于 90 个正确的汉字、错误率不高于千分之三或每分钟输入英文字符不少于 220 个、错误率不高于千分之一。

高级录入员的录入速度要达到每分钟录入不少于 140 个正确的汉字、错误率不高于千分之三或每分钟输入英文字符不少于 280 个、错误率不高于千分之一

任务二：强化练习

打开“金山打字”练习软件，选择英文打字，继续练习打字，准备速度测试。

任务三：英文打字速度测试

1）进行了一段时间的英文打字训练之后，对打字速度进行测试。

2）打开“金山打字”练习软件，选择“速度测试”→“课程选择”→“英文文章”，时间 20min。

3）请记录：

我现在的打字速度是__________________。要求：120 字符 /min。

模块二　中文录入（40课时）

项目十六　五笔字型输入法简介

项目描述

五笔字型输入法简介。

项目实施要求

了解五笔字型输入法的特点，了解五笔输入法的使用。

项目任务单

1	了解五笔字型输入法的特点
2	学习汉字输入过程中的相关知识
3	英文打字训练
4	课后作业

任务一：了解五笔字型输入法的特点

知识点：

1．关于汉字输入法

中国汉字不仅数量多，而且形态各异。要将汉字输入到计算机中，就需要通过汉字输入法来解决。我国的计算机研究人员已成功地开发了多种汉字输入法，将汉字以一定的规则进行编码，在输入汉字时只要输入该汉字的编码字符，就能输入对应的汉字。

随着计算机的发展，汉字输入法越来越多。根据汉字编码的不同，汉字输入法可分为3种：音码、形码和音形码。

1）音码：完全利用汉字的拼音输入的方法。这类输入法主要按照拼音规定来输入汉字，不需要记忆，只要会拼音就可以输入汉字，如全拼双音、双拼双音、智能ABC、微软拼音、清华紫光、搜狗拼音等。

2）形码：以汉字的字形结构为编码原则，将汉字拆分成笔画、部首、字根等零件作为码元的编码方案，如五笔字型、表形码、郑码等。

3）音形码：吸取了音码和形码的优点，将二者混合使用。它是一种以汉字的发音或字形为基础，再以字形或拼音为辅助，以区别同音或形近的汉字的编码方案，如二笔、丁码等。

2. 五笔字型输入法的特点

五笔字型输入法是由王永民先生主持研究开发的，因而又称“王码法”。这一成果从1983年开始向用户推广，1987年国家科委成果局正式组织向全国推广，是目前拥有用户最广泛的一种汉字录入方法。

五笔字型最突出的优点是：重码少，基本不用提示选字；见字识码，即使遇到不会读的汉字，也能为其编码；大部分汉字可采用简码输入；可进行词组编码输入，每个单字和词组的基本码长都为四码，在同一状态下字、词输入时无需再换档；经过一定的训练，每分钟输入速度可达120～160个汉字，但这种方法的学习和掌握需要花费较多的时间去训练，需要大量记忆。

任务二：学习汉字输入过程中的相关知识

知识点：

1. 添加和删除输入法

在汉字输入过程中，你可以在输入法列表中，添加你经常使用的输入法，也可以删除不经常使用的输入法，以节约系统资源。

具体方法为：右击任务栏右下角的图标，弹出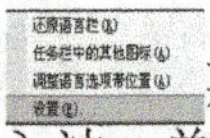菜单，选择“设置（E）…”，弹出如图16-1所示的对话框，选择要添加或删除的输入法，单击“删除”或“添加”按钮，最后单击“确定”按钮即可。

2. 全/半角切换

五笔字型输入法的全角与半角之间的切换如图16-2所示，其他输入方式亦是如此。

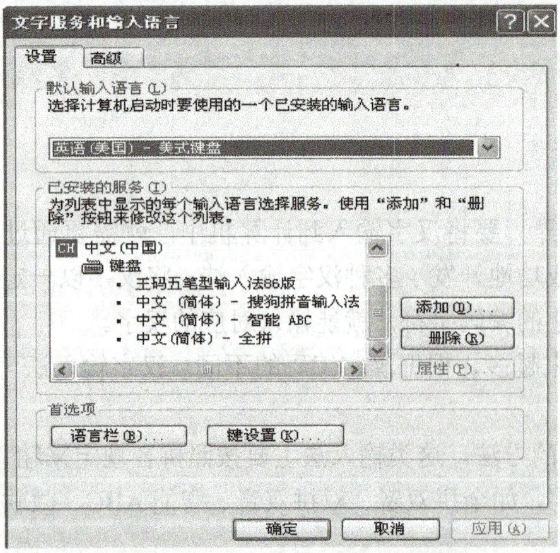

图16-1 添加和删除输入法对话框

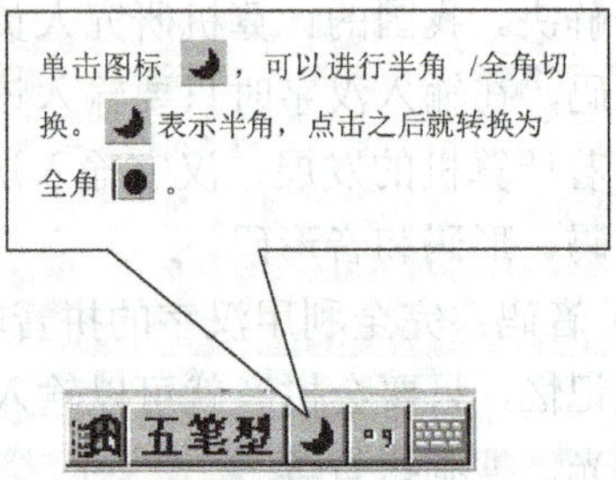

图16-2 全/半角切换示意图

在全角状态输入方式下，输入的字母、数字和符号均占用两个字符的位置；在半角状态输入方式下，输入的字母、数字和符号均占用1个字符的位置。

3. 中文标点符号与键盘的对应关系

在英文标点状态下，所有标点与键盘一一对应。在中文标点状态下，中文标点符号与键盘的对应关系见表 16-1。

表 16-1　标点符号键位表

中文标点	键　　位	说　　明	中文标点	键　　位	说　　明
句号。	.		左括号（	(	
逗号，	,		右括号）	)	
分号；	;		双书名号《	[或 <	
冒号：	:		双书名号》	] 或 >	
问号？	?		省略号…	Shift+6	
感叹号！	!		顿号、	` 或 \	
双引号“”	“”	自动配对	单引号‘’	‘’	

4. 输入法的选择

系统启动后，默认的输入状态是输入英文字母的。当需要输入汉字时，就要把输入状态切换到某种汉字输入法的状态，然后才可以输入汉字。当需要输入英文时，又要切换到英文的输入状态。因此，输入汉字前首先要选择汉字输入法。在 Windows 中选择汉字输入法的操作按键是：Ctrl+Shift。

重复使用该命令直到选中所需要的汉字输入法为止。当选中了某种汉字输入法后，如果需要在该汉字输入法和英文输入状态之间进行切换则只要按 Ctrl+ 空格键即可。

任务三：英文打字训练

1）打开“金山打字”练习软件，选择“速度测试”→“课程选择”→“英文文章”。

2）记录今天英文打字的速度是____________，力争达到 120 字符 /min 以上。

任务四：课后作业

1）继续进行指法训练。

2）要求：达到盲打入门水平，键速 =1 ～ 2（键 /s），或者 120 字符 /min 以上，正确率 100%。

项目十七　五笔字型编码基础

项目描述

掌握构成汉字的三个层次：笔画、字根和单字。

项目实施要求

掌握构成汉字的 5 种基本笔画，字根组成汉字的 3 种字型。

项目任务单

1	了解汉字的 3 个层次
2	了解汉字的 5 种笔画
3	了解汉字的基本字根
4	了解汉字的 3 种字型
5	课后作业

任务一：了解汉字的 3 个层次

知识点：

五笔字型方案的研究者，把汉字从结构上由简单到复杂分为：笔画→字根→整字这 3 个层次。认为汉字由字根组成，字根由笔画构成。

任务二：了解汉字的 5 种笔画

知识点：

五笔字型中规定：一个连续书写、不间断的线条叫做一个“笔画”。五笔字型中把众多的笔画分成了五类，分别是横、竖、撇、捺、折，并顺序给以 1、2、3、4、5 五种笔画代码。横为从左到右的笔画，其中“提”归为“横”；竖为从上到下的笔画，其中向左的竖勾归为“竖”；撇为从右上到左下的笔画，不去计较笔画的倾斜程度；捺为从左上向右下的笔画，其中点归为“捺”；所有带转折的归为“折”。见表 17-1。

表 17-1　汉字的 5 种基本笔画

笔 画 名 称	代　号	笔 画 走 向	笔画及其变形
横	1	左→右	一
竖	2	上→下	丨亅
撇	3	右上↙左下	丿
捺	4	左上↘右下	丶
折	5	带转折	乙乚乛

同学们不仅要分清笔画类别，同时还应记住各类笔画的代表形及其代码。因为在拆分汉字时，有些汉字某部分结构只能拆出单笔画时，无论该笔画的形如何，都按其类别取笔画代码。

任务三：了解汉字的基本字根

知识点：

汉字可用几个基本的部分拼合而成，这些用来拼字的基本部分叫做“字根”。一般来说，字根多数是一些传统的汉字部首。由于某种需要，有时也选用一些不是部首的笔画结构作为字根。我们把那些组字能力很强，而且在日常汉语文字中出现次数很多的字根，叫做“基本字根”，基本字根共有130种。如：八、冫、廾、扌、阝、纟等。

任务四：了解汉字的3种字型

知识点：

汉字的字型，是指由字根构成汉字时，字根之间在汉字中所处的位置关系。一般可以分为三种类型：左右型、上下型、杂合型，字型代号分别为1、2、3。

1. 左右型汉字：包括两种情况

1）左右型。整个汉字分为两个部分，分开左右，整个汉字中有着明显的界线，字根间有一定的距离。如：现、汉、绿。

2）左中右型。整个汉字分为三个部分，从左至右排列；或者单独占据一边的部分与另外两个部分呈左右排列。如：侧、排、例。

2. 上下型汉字：包括两种情况

1）上下型。整个汉字分为两个部分，分开上下，整个汉字中有着明显的界线，字根间有一定的距离，如：崩、想、碧。

2）上中下型。整个汉字分为三个部分，从上至下排列；或者单独占据一层的部分与另外两个部分呈上下排列。如：意、亮、攀。

3. 杂合型汉字

除以上两种字型外，其他字型均属于杂合型，代码为“3”。是指一个汉字各部分之间没有明显的左右或上下关系。如“同”、“飞”、“区”、“边”、“国”、“半”、“本”等均属于杂合型汉字。

关于杂合型汉字有如下的规定：

1）笔画与字根相连的规定为杂合型，例如“自”、“尺”、“产”等。

2）点的汉字结构归为杂合型，例如“术”、“太”、“斗”等。

3）含两字根且两字根相交的汉字归为杂合型，如“东”、“电”、“本”等。

4）带走之底的汉字为杂合型，例如“边”、“连”、“这”等。

5）内外型汉字为杂合型，例如“因”、“国”、“母”等。

汉字的3种字型见表17-2。

表17-2 汉字的3种字型

代码	字型	字例
1	左右型	侧、例、编
2	上下型	型、字、杂
3	杂合型	本（独体字）进（半包转围）围（全包围）

任务五：课后作业

1）继续进行指法训练。

2）要求：达到盲打入门水平，键速 =1 ～ 2（键 /s），或者 120 字符 /min 以上，正确率 100%。

项目十八　五笔字型的字根及分布

项目描述

掌握五笔字型的字根及其分布规律。

项目实施要求

掌握五笔字根的分布规律，每一个字根所在的键位要了如指掌。

项目任务单

1	了解字根的区和位
2	了解字根分布图
3	了解字根分布规律
4	课后作业

任务一：了解字根的区和位

知识点：

上节课我们已经说过，汉字可用几个基本的部分拼合而成，这些用来拼字的基本部分叫做“字根”。在五笔字型编码输入法中，选取了组字能力强、出现次数多的 130 个左右的部件作为基本字根。那么这 130 多种基本字根怎样分布在键盘上呢。

1．区号

我们把键盘上的 26 个字母键分为三排，除 Z 键另有用途外，其余 25 个字母键分为五个区对应五种笔画。（其第一笔起笔为对应笔划）

第 1 区为横起类，字母键为 G、F、D、S、A

第 2 区为竖起类，字母键为 H、J、K、L、M

第 3 区为撇起类，字母键为 T、R、E、W、Q

第 4 区为捺起类，字母键为 Y、U、I、O、P

第 5 区为折起类，字母键为 N、B、V、C、X

2．位号

键盘上对应的每一个区又分为五个位。各排均从中间向两边分别安排位 1、2、3、4、

5。这样，每个字母键对应一个区位号，区位号又称键位代码。其中十位数字代表它所在的区号，个位数字代表它所在的位号。例如A键在1区5位，所以区位号是15。如图18-1所示。

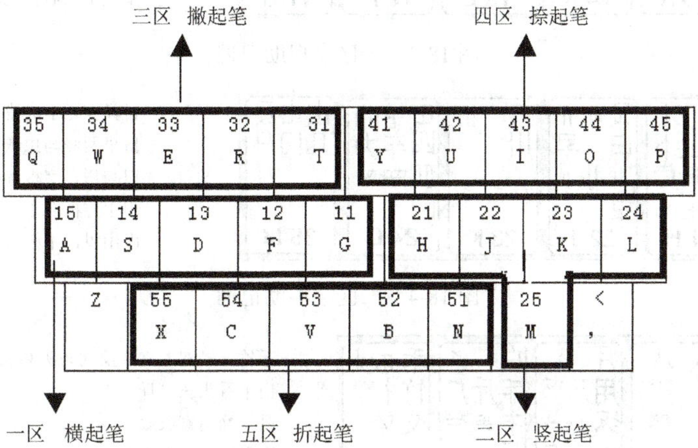

图18-1　五笔字型键位图

任务二：了解字根分布图

知识点：

将五笔字型的基本字根分布在键盘的字母键上，形成字根键盘，如图18-2所示。记住这些字根及其键位是学习五笔的基本功和首要步骤。由于字根较多，为了便于记忆，研制者王永明先生编写了一首“助记歌”，增加韵味，易于上口，帮助初学者记忆，如图18-3～图18-7所示。

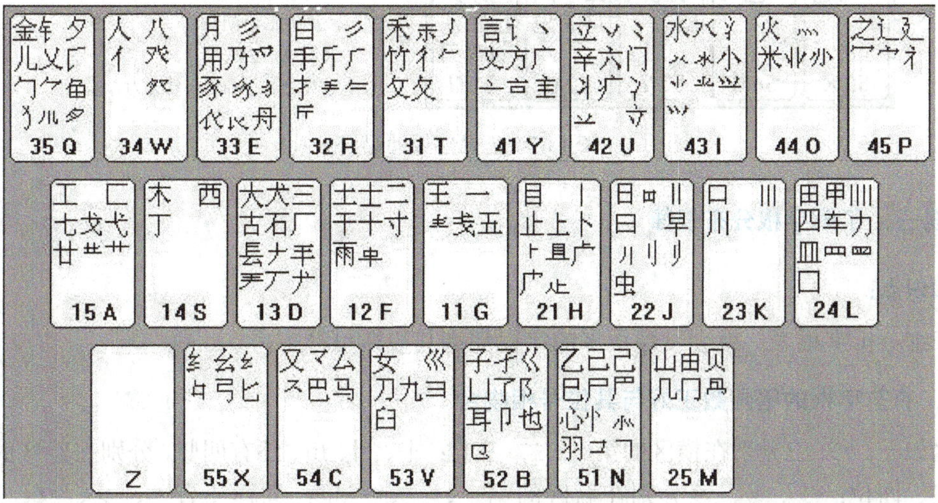

图18-2　五笔字型字根键盘图

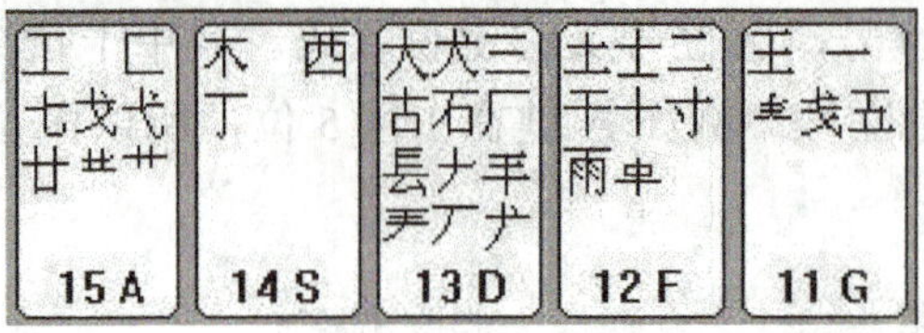

王旁青头戋五一，
土士二干十寸雨，
大犬三羊古石厂，
木丁西，
工戈草头右框七。

图 18-3　一区字根助记词

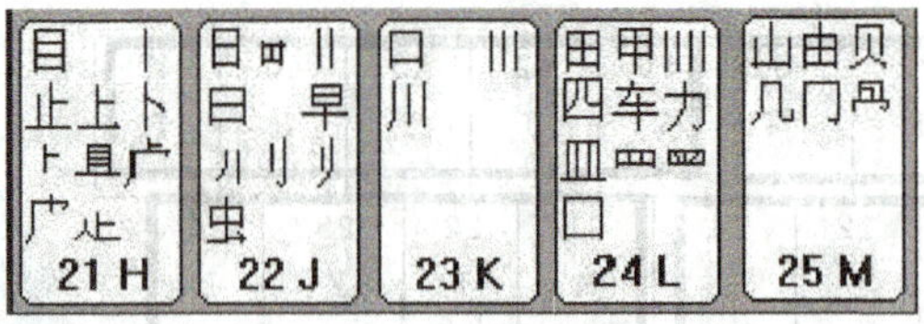

目具上止卜虎皮，
日早两竖与虫依，
口与川，字根稀，
田甲方框四车力，
山由贝，下框几。

图 18-4　二区字根助记词

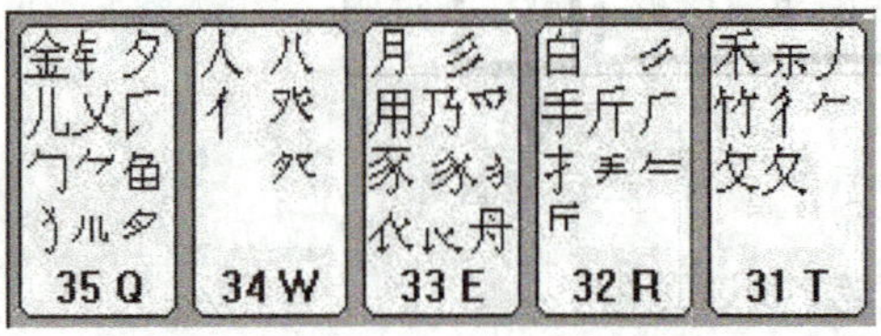

禾竹一撇双人立，反文条头共三一
白手看头三二斤，
月彡乃用家衣底，
人和八，三四里，
金勺缺点无尾鱼，犬旁留乂儿一点夕，氏无七。

图 18-5　三区字根助记词

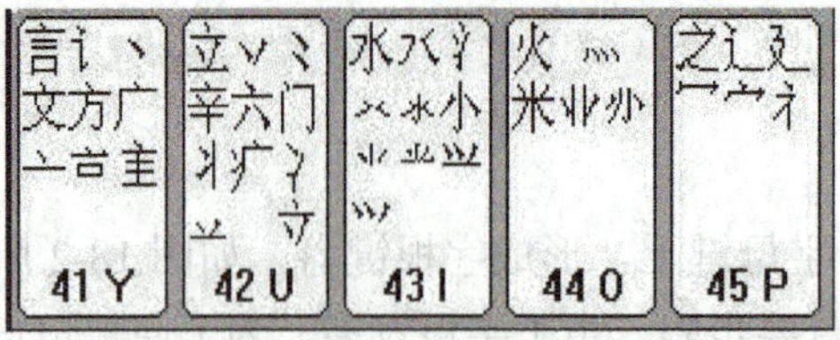

言文方广在四一，高头一捺谁人去
立辛两点六门病，
水旁兴头小倒立，
火业头，四点米，
之宝盖，道建底，摘示衣。

图 18-6　四区字根助记词

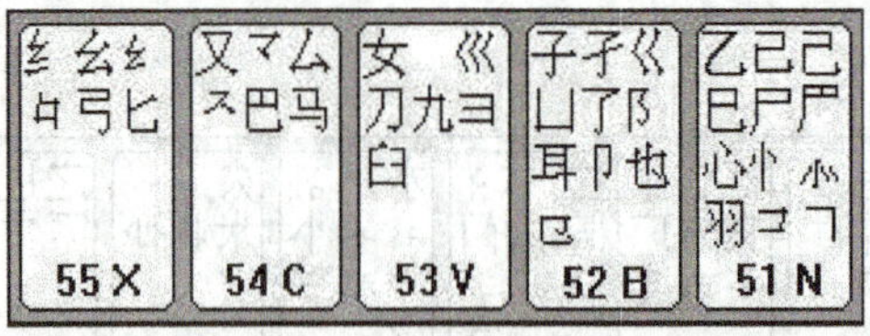

已半巳满不出己，左框折尸心和羽
子耳了也框向上，
女刀九臼山朝西，
又巴马，丢失矣，
慈母无心弓和匕，幼无力。

图 18-7　五区字根助记词

任务三：了解字根分布规律

知识点：

仔细分析字根表，就会发现很多的字根都有其规律可循：

1．有些字根的笔画数正好与其位号相吻合

比如一、二、三分别在横区的第一、二、三位；丨、刂、川、还有四竖，分别在竖区的第一、二、三、四位；丿、〃、彡分别在撇区的第一、二、三位；同样还有丶、冫、氵、灬等，这里就不多说了。那么字根“镸”，为什么会和“三、手”在一起呢？这是因为它们的前

三笔都是横，横的笔数与 D 键上的位号一致。

2. 首笔定区号，次笔定位号

比如“大、犬、厂、ア、ナ、ｵ”这些字根，起笔都是横，横的编码是“1”，说明这些字根都在第一区，第二笔都是撇，撇的编码是“3”，那么，区位号是“13”，表示这些字根在一区的第三个键，也就是“D”键上。

3. 把相形的字基本上都放在一起

比如“古”，可以想象成“石”的变形，这两个字根有些相近。有些字根以与键名字根或主要字根形近或渊源一致为准而将它们安排在同一键位上，如“43”键上安排了许多与“水”形近的字根。我们再看 33 号 E 键上的变形，由键名字“月”，得到一系列变形字根，起笔都是撇和横折。“彡”是笔画字根，“豕”字有三个撇，所以归在 33 位，并由它引出一系列变形，部分字根的变形如图 18-8 所示。

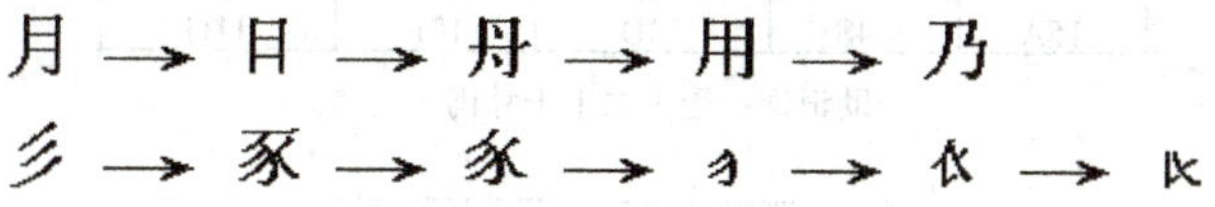

图 18-8　部分字根的变形

4. 以义近为准的字根

有些字根以义近为准放在同一键位上，如“忄”与“心”放在一起，“扌”与“手”放在一起等。

5. 特殊字根

个别字根特殊对待，大多数是按其拼音颁布，如“口”的拼音是 KOU，就放在了“K”键上。

任务四：课后作业

1）根据字根分布规律，熟记五笔字根助记词。
2）继续进行英文打字练习。

项目十九　字根助记词详解

项目描述

熟记字根助记词。

项目实施要求

熟记字根助记词，并要理解助记词的含义。

项目任务单

1	详解第 1 区字根
2	详解第 2 区字根
3	详解第 3 区字根
4	详解第 4 区字根
5	详解第 5 区字根
6	课后作业

任务一：详解第 1 区字根

知识点：

第一区字根为横起笔，包含键盘上的 G 键、F 键、D 键、S 键和 A 键，键名分别为“王”、“土”、“大”、“木”和“工”，字根的区位号分别为 11 ～ 15，如图 19-1 所示。

工	木	大	土	王
15A	14S	13D	12F	11G

助记词：王旁青头戋五一

助记词：土士二干十寸雨

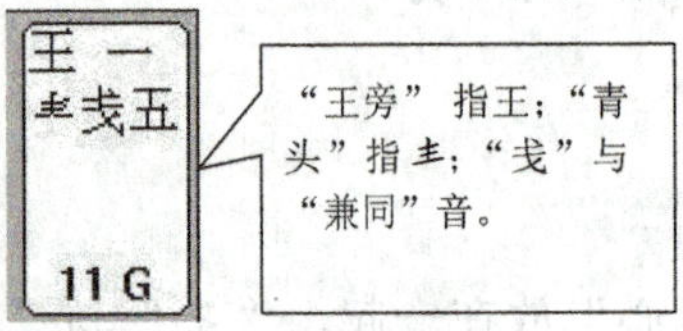

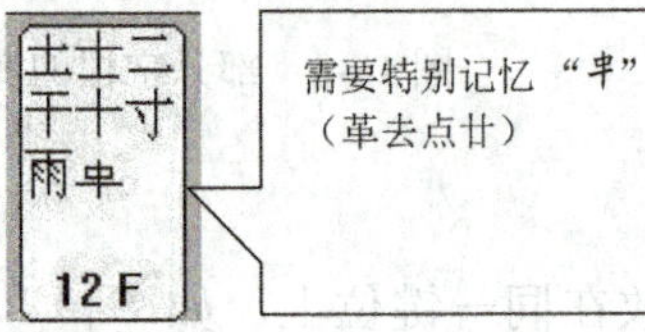

助记词：大犬三羊古石厂

助记词：木丁西

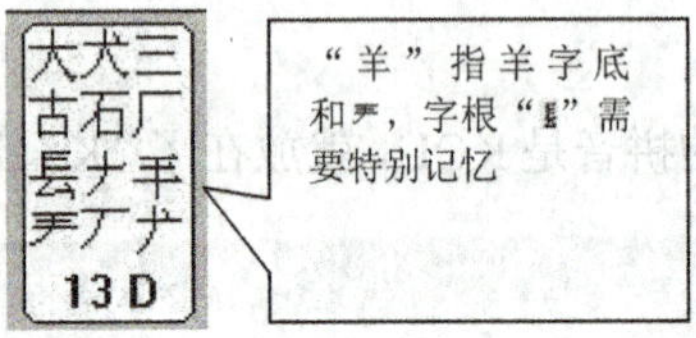

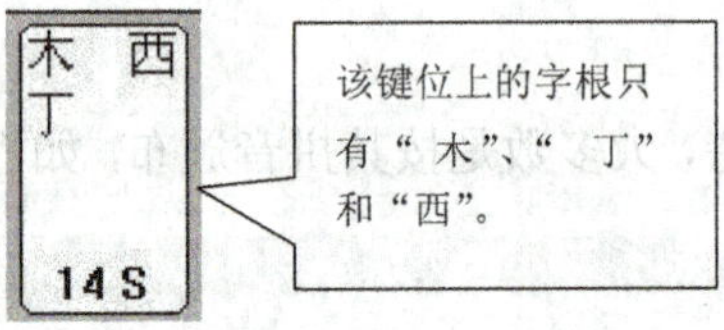

助记词：工戈草头右框七

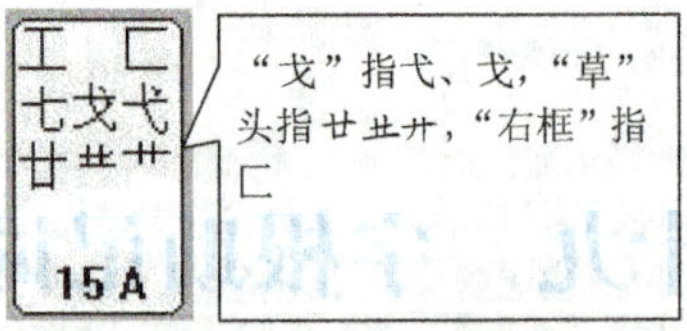

图 19-1 第 1 的键名汉字

任务二：详解第 2 区字根

知识点：

第二区字根为竖起笔，包含键上的 H 键、J 键、K 键、L 键和 M 键，键名分别为“目”、“日”、“口”、“田”和“山”，字根的区位号分别为 21 ～ 25，如图 19-2 所示。

目	日	口	田	山
21H	22J	23K	24L	25M

助记词：目具上止卜虎皮

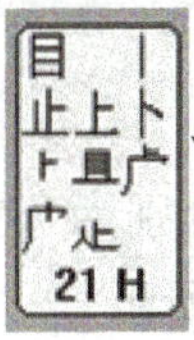

“具”指具的上部“且”；“止”指止和“龰”；“卜”指“卜”和“⺊”；“虎皮”指“虍”和“广”。

助记词：日早两竖与虫依

“日”指“日”、“曰”、“⺜”；“两竖”指“‖”、“〢”、“刂”、“〣”。

助记词：口与川，字根稀

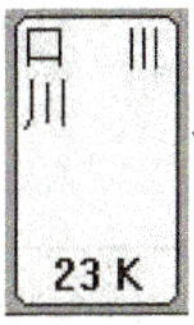

该键位上只有“口”和“〣”、“川”，字根稀少

助记词：田甲方框四车力

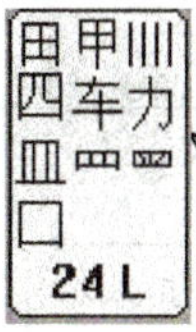

“方框”指“口”；“四”指“四”、“皿”、“罒”、“⺫”。

助记词：山由贝，下框几

“下框”指“冂”，需要特别记忆字根的“⺇”

图 19-2　第 2 的键名汉字

任务三：详解第 3 区字根

知识点：

第三区字根为撇起笔，包含键盘上的 T 键、R 键、E 键、W 键和 Q 键，键名分别为“禾”、“白”、“月”、“人”和“金”，字根的区位号分别为 31 ～ 35，如图 19-3 所示。

金	人	月	白	禾
35Q	34W	33E	32R	31T

助记词：禾竹一撇双人立，反文条头共三一

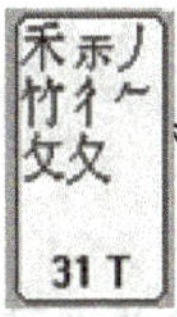

“双人立”指彳；“条头”指夂；“共三一”指字根在区位号为 31 的键位上

助记词：白手看头三二斤

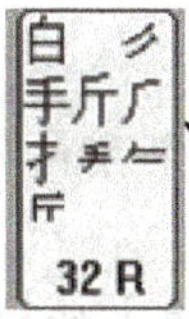

“看头”指手；“三二”指字根在区位号为 32 的键位上

助记词：月彡乃用家衣底

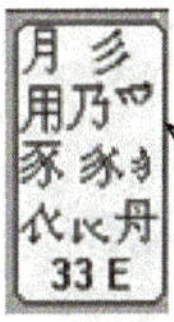

“家衣底”指豕和𧘇

助记词：人和八，三四里

“三四里”指字根在区位号为 34 的键位上；需要特别记忆的是癶和夗

助记词：金勺缺点无尾鱼，犬旁留乂儿一点夕，氏无七

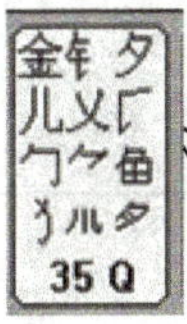

“勺缺点”指勹；“无尾鱼”指⺈；“一点夕”指⺈、夕、夕；“氏无七”指[illegible]

图 19-3　第 3 的键名汉字

任务四：详解第 4 区字根

知识点：

第四区字根为捺起笔，包含键盘上的 Y 键、U 键、I 键、O 键和 P 键，键名分别为“言”、“立”、“水”、“火”、“之”，字根的区位号分别为 41 ～ 45，如图 19-4 所示。

言	立	水	火	之
41Y	42U	43I	44O	45P

助记词：言文方广在四一，高头一捺谁人去

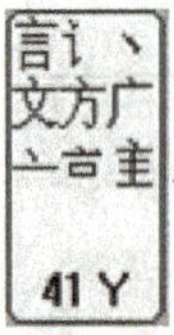

“高头”指亠亩；“谁人去”指讠；“四一”指字根在区位号为 41 的键上

助记词：立辛两点六门病

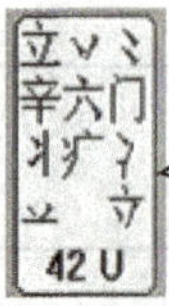

“两点”指丷、冫、丬、丬；“六门病”指六、门、疒

助记词：水旁兴头小倒立

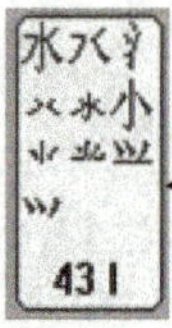

“兴头”指⺍和⺌；“小倒立”指⺍和小

助记词：火业头，四点米

“火业头”指火、业、⺌；“四点米”指灬和米

助记词：之宝盖，道建底，摘示衣

“建道底”指辶和廴；“摘示衣”指礻

图 19-4　第 4 的键名汉字

任务五：详解第 5 区字根

知识点：

第五区字根为折起笔，包含键盘上的 N 键、B 键、V 键、C 键和 X 键，键名分别为“已”、“子”、“女”、“又”和“纟”，字根的区位号分别为 51 ～ 55，如图 19-5 所示。

纟	又	女	子	已
55X	54C	53V	52B	51N

助记词：已半巳满不出己，左框折尸心和羽

“已半”指已；“巳满”指巳；“不出己”指己；“左框”指コ

助记词：子耳了也框向上

“框向上”指凵

助记词：女刀九臼山朝西

助记词：又巴马，丢失矣

图 19-5　第 5 的键名汉字

"山朝西" 指彐

"丢失矣" 指ム

助记词：慈母无心弓和匕，幼无力

"母无心" 指㇉；"幼无力" 指幺

图 19-5　第 5 的键名汉字（续）

任务六：课后作业

1．熟记字根助记词和字根总表。
2．默写五笔字根表。

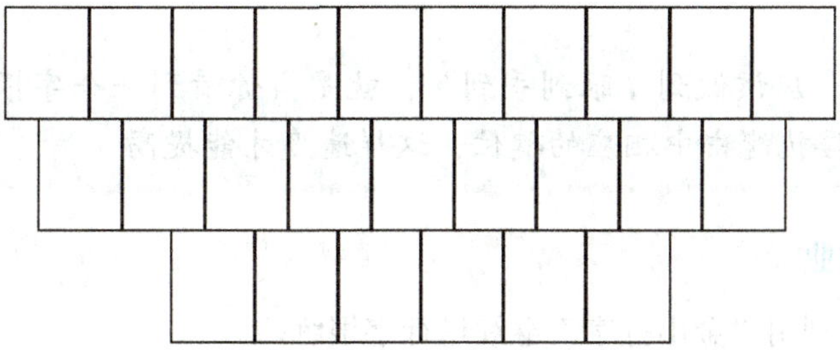

项目二十　字根练习

项目描述

熟悉字根所在键位。

项目实施要求

熟悉字根所在键位，看到一个字根，能立即输入该字根的代码。

项目任务单

1	字根练习
2	课后作业

任务一：字根练习

1）字根练习。

打开“金山打字”练习软件，选择“五笔打字”→“字根练习”，在“课程选择”中，最好先逐个区地开始练习，熟练之后再选择综合练习：A～Y。

2）过程评价：

请记录下你打字的速度、正确率，与同组的同学比较、交流一下，看看谁的进步更大，怎样练习才能进步更快。

3）自我总结。

练习结束之后，返回登录窗口，打开个人管理账户，及时查看练习过程中“常错键位”，“综合信息”等相关内容。

4）将你的速度、正确率和常错键位记录下来。这样你既可以与同班同学比较你的打字水平，又可以与你过去的成绩进行比较，看看自己的进步。

5）对常错键位继续练习（包括不太熟练的键位），然后再看看速度和正确率是否提高了。

小提示

字根练习时，应该做到“眼到手到”，就是当你看到一个字根时，根本不用大脑思考，手指直接就能击中相应的键位，这样速度才能提高。

任务二：课后作业

1. 字根记忆，利用“金山打字”继续进行字根练习。
2. 要求：字根与相应的键位之间要能建立直接联系，做到“眼到手到”。

项目二十一　五笔字型的拆分原则

项目描述

了解字根直接的连接关系，汉字拆分原则。

项目实施要求

了解字根直接的连接关系，汉字拆分原则。

项目任务单

1	掌握五笔字根之间的关系
2	掌握汉字的拆分原则
3	汉字拆分简单练习
4	课后作业

任务一：掌握五笔字根之间的关系

知识点：

正确地将汉字分解成字根是五笔输入法的关键。基本字根在组成汉字时，按照它们之间的位置关系可以分成单、散、连和交 4 种结构。下面我们来具体学习这四种类型的特点和使用技巧。

（1）单　汉字本身就是一个基本的字根，不需要拆分。在 130 个基本字根中，占很大比重，有八九十种，如 25 个键名汉字。

（2）散　几个字根共同组成一个汉字，且字根间保持一定距离，不相连也不相交。如：汉、字、笔、型、培、训等。

（3）连　五笔字型中字根间的相连关系并非通俗的望文生义的相互连接之意，而是有它本身的规定。五笔字型中字根间的相连关系特指以下两种情况：

1）单笔画与某基本字根相连。如：

自	丿连目	千	丿连十	且	月连一
尺	尸连丶	不	一连小	主	丶连王
产	立连丿	下	一连卜	入	丿连丶

单笔画与基本字根间有明显间距者为相连。如：个、少、么、旦、幻、旧、孔、乞。

2）带点结构，认为相连。

例如：勺、术、太、主、义、斗、头。这些字中的点与另外的基本字根并不一定相连，其间可连可不连，可稍远可稍近。在五笔字型中把上述两种情况一律视为相连，即不承认它们之间是上下结合或左右结合。这种规定使字型的判定变得简化、明确。

（4）交　指两个或多个字根交叉套迭构成的汉字。如：

夫	二交人	申	日交丨
里	日交土	果	日交木
必	心交丿	专	二交乙

小提示

带点结构的汉字不能当作散的关系，具有“连”字根结构的汉字的字型均为杂合型。一切由基本字根相交叉构成的汉字字型均属于杂合型。具有“散”字根结构的汉字字型只有左右型和上下型两种。

任务二：掌握汉字的拆分原则

知识点：

汉字拆分问题集中于要解决连、交及混合型的情况，具体拆分概括如下：

（1）连笔结构　拆分为单笔与基本字根。如“自”拆成“丿”与“目”。

（2）交叉结构或交连混合结构　按书写顺序拆分成几个已知的最大字根，以增加一笔不能构成已知字根来决定笔画分组。如：“果”拆成“日”、“木”，而不拆成“旦”、“小”，因为“日”加一笔“一”后成为“旦”，“旦”不是基本字根。

拆分中应注意，一个笔画不能割断在两个字根中。如：“果”不能割断为“田”、“木”。

具体拆分过程中，需要掌握以下五个要点：

1）书写顺序：拆分“合体字”时，一定要按照正确的书写顺序进行。

正确的书写顺序是：先左后右，先上后下，先横后竖，先撇后捺，先内后外，先中间后两边，先进门后关门。

例如：

谁→　讠 亻 圭　　（从左到右，左右型）

茶→　艹 人 木　（从上到下，上下型）

问→　门 口　　（从外到内，杂合型）

又如：“新”只能拆成“立、木、斤”，不能拆成立、斤、木”；“中”只能拆成“口、丨”，不能拆成“丨、口”；“夷”只能拆成“一、弓、人”，不能拆成“大、弓”。

2）能散不连。有时候一个汉字被拆成的几个部分都是复笔字根（不是单笔画），它们之间的关系，在“散”和“连”之间模棱两可。

例如：占：卜 口 两者按“连”处理，便是杂合型（3 型）。

两者按“散”处理，便是上下型（2 型正确）。

当遇到这种既能“散”，又能“连”的情况时，我们规定：只要不是单笔画，一律按“能散不连”判别之。因此，如上例中的“占”，都被认为是“上下型”字（2 型）。

3）能连不交。如果一个结构能按“连”的关系拆分，就不要按“交”的关系拆分。例如：

不＝一　小　　主＝丶　王　　太＝大　丶　　产＝立　丿

生＝丿　王　　于＝一　十　　下＝一　卜　　开＝一　廾

天＝一　大　　入＝丿　㇏　　术＝木　丶　　自＝丿　目

再看以下拆分实例：

于：一 十　（二者是相连的）　　二 丨　（二者是相交的）

丑：乙 土　（二者是相连的）　　刀 二　（二者是相交的）

当一个字既可拆成相连的几个部分，又可拆成相交的几个部分时，我们认为“相连”的拆法是正确的。因为一般来说，“连”比“交”更为“直观”。

4）兼顾直观。在拆分汉字时，为了照顾汉字字根的完整性，有时不得不暂且牺牲一下“书写顺序”和“取大优先”的原则，形成个别例外的情况。

例 1：国：按“书写顺序”应拆成：“冂、王、丶、一”，但这样便破坏了汉字构造的直观性，故只好违背“书写顺序”，拆作“口、王、丶”了。

例 2：自：按“取大优先”应拆成：“亻、乙、三”，但这样拆，不仅不直观，而且也有悖于“自”字的字源（这个字的字源是“一个手指指着鼻子”）。故只能拆作“丿、目”，这叫做“兼顾直观”。

5）取大优先，也叫能大不小。在各种可能的拆分中，保证按书写顺序每次都拆出尽可能大的字根。

例 1：世：第一种拆法：一、凵、乙（误）
第二种拆法：廿、乙　（正）

显然，前者是错误的，因为其第二个字根“凵”，完全可以向前“凑”到“一”上，形成一个“更大”的已知字根“廿”。

例 2：制：第一种拆法：丿、一、一、冂、丨、刂（误）
第二种拆法：𠂉、冂、丨、刂　（正）

同样，第一种拆法是错误的。因为第二码的“一”，作为“、”后一个笔画，完全可以向前“凑”到第一个字根“、”上，形成一个“更大”的字根“𠂉”。总之，“取大优先”，俗称“尽量往前凑”，是一个在汉字拆分中最常用到的基本原则。至于什么才算“大”，“大”到什么程度才到“边”，只有在熟悉了字根总表后，才不会再出错误。

例 3：果：第一种拆法：　曰 木　（正）
第二种拆法：　曰　十　八　（误）

一般来说，首先应保证每次拆出最大的基本字根；在拆出字根数目相等的情况下，“散”比“连”优先，“连”比“交”优先。

任务三：汉字拆分简单练习

拆分：夷、缶、丑、美、东、勿、非、乘

夷 = 一 + 弓 + 人 √	东 = 七 + 小 √
夷 = 𠂇 + 弓 + ㇏	东 = 十 + 木
缶 = 𠂉 + 山 √	勿 = 勹 + 彡 √
缶 = 𠂉 + 十 + 凵	勿 = 彡 + 乛
丑 = 乛 + 土 √	非 = 三 + 丨 + 丨 + 三
丑 = 刀 + 二	非 = 三 + 刂 + 三 √
美 = 䒑 + 土 + 大	乘 = 禾 + 丬 + 匕 √
美 = 丷 + 王 + 大 √	乘 = 丿 + 十 + 丬 + 匕 + 人

任务四：课后作业

1．写出下列每一个字的首字根

青　　春　　如　　同　　一　　首　　诗　　一　　首

为让青只一兰笑吹牙的任走刻愉上填足已
人明讶它中铃欢风咬过下飘上用额也驻早
让透惊诗生当们毛紧走留中头想平上迹它
奇的而首人站我白们下有意额纹烫心足首路
离澈逸这们驿候当我脚没无在皱来料的回的
的清飘同我的时去子来中迹却数情不月然行
胧罔之如是小的过日过空遗春无心纹岁暮足
朦迷为就过小开跑的挺天的青了的皱了待上
诗之人春不个花的来关路何的下悦的满等踏

2．拆分汉字练习，写出构成下列汉字的所有字根

的润份似水液用春下人他何后原人着
春滋一来泪溶作青留有贱任之已庸带愁
青它的起丽的的了只体太下了自个中哀
是品春看亮春剂释它躯春留走现一声的
水养青泽更青溶稀后副青有亮发是息浓
汗营了光乎是在下最一说没光便来叹浓

项目二十二 键面汉字的输入

项目描述

了解键名汉字、成字字根和单笔画字根的输入方法。

项目实施要求

熟记 25 个键名汉字，成字字根和单笔画字根“一”、“丨”、“丿”、“丶”、“乙”的编码。

项目任务单

1	掌握汉字基本分类方法
2	掌握键名汉字的输入
3	掌握成字字根汉字的输入
4	掌握单笔画字根汉字的输入
5	课后作业

任务一：掌握汉字基本分类方法

知识点：

五笔字型输入法将汉字分成两大类。

（1）键面汉字　是在五笔字型字根键盘中已经有的汉字，分为键名汉字、成字字根汉字、单笔画字。

（2）键外汉字　是在五笔字型字根键盘中没有的，由基本字根组成的汉字，分为二根字、三根字、多根字。

任务二：掌握键名汉字的输入

各个键上的第一个字根，也就是“字根助记词”中打头的那个字根，称为键名字。绝大多数的键名本身就是一个汉字，如金、工、木和人等。键名汉字的分布如图 22-1 所示。

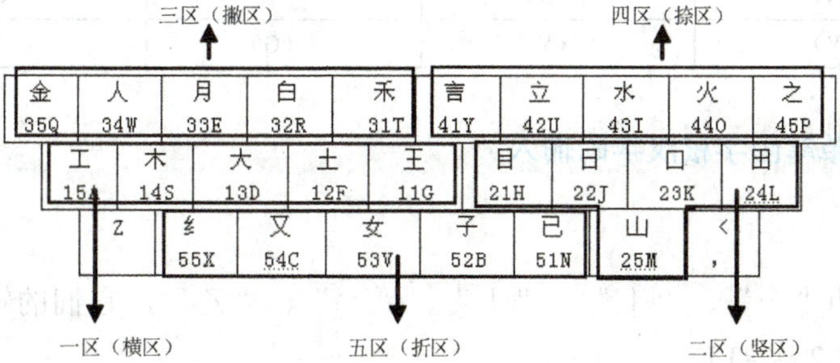

图 22-1　键名汉字分布图

作为键名汉字的输入方法就是把它们所在键位连打四下，见表 22-1。

表 22-1　键名汉字输入方法

键名字根	区　位	输入码	键名字根	区　位	输入码
王	11	GGGG	人	34	WWWW
土	12	FFFF	金	35	QQQQ
大	13	DDDD	言	41	YYYY
木	14	SSSS	立	42	UUUU
工	15	AAAA	水	43	IIII
目	21	HHHH	火	44	OOOO
日	22	JJJJ	之	45	PPPP
口	23	KKKK	已	51	NNNN
田	24	LLLL	子	52	BBBB
山	25	MMMM	女	53	VVVV
禾	31	TTTT	又	54	CCCC
白	32	RRRR	纟	55	XXXX
月	33	EEEE			

任务三：掌握成字字根汉字的输入

知识点：

在五笔输入法的字根中，除了键名以外，自身可以是汉字的字根称为成字字根。

输入成字字根汉字的步骤：1）报户口（将包含成字字根的那个键敲一下）。

2）输入该汉字的第一笔的笔画代码。

3）输入该汉字的第二笔的笔画代码。

4）输入该汉字的最后一笔的笔画代码。

所以成字字根输入公式：报户口＋第一笔画代码＋第二笔画代码＋末笔画代码

举例见表 22-2。

表 22-2　成字字根输入

例字	字根码（报户口）	首笔画（代码）	次笔画（代码）	末笔画（代码）	输入码
雨	雨（F）	一（G）	丨（H）	、（Y）	fghy
羽	羽（N）	乙（N）	、（Y）	一（G）	nnyg
文	文（Y）	、（Y）	一（G）	、（Y）	yygy

任务四：掌握单笔画字根汉字的输入

知识点：

单笔画字根即“一”、“丨”、“丿”、“、”、“乙”，它们的输入方法是：单笔画字根所在键连按 2 次 +LL

所以，五个单笔画的字根输入码见表 22-3。

表 22-3 单笔画字根输入

笔画	笔画所在键	输入码
一	G	GGLL
丨	H	HHLL
丿	T	TTLL
丶	Y	YYLL
乙	N	NNLL

任务五：课后作业

1. 写出下列键名汉字的五笔输入代码

王（ ）土（ ）大（ ）木（ ）工（ ）
目（ ）日（ ）口（ ）田（ ）山（ ）
禾（ ）白（ ）月（ ）人（ ）金（ ）
言（ ）立（ ）水（ ）火（ ）之（ ）
已（ ）子（ ）女（ ）又（ ）纟（ ）

2. 写出下列单笔画的五笔输入代码

一（ ）丨（ ）丿（ ）丶（ ）乙（ ）

3. 写出下列成字字根汉字的五笔输入代码

（1）一区的成字字根共 23 个：

犬（ ） 寸（ ） 厂（ ） 雨（ ）
丁（ ） 干（ ） 二（ ） 匚（ ）
工（ ） 十（ ） 戈（ ） 五（ ）
戋（ ） 石（ ） 廾（ ） 七（ ）
大（ ） 士（ ） 廿（ ） 土（ ）
戈（ ） 王（ ） 一（ ）

（2）二区的成字字根共 22 个：

卜（ ） 口（ ） 车（ ） 早（ ）
刂（ ） 甲（ ） 由（ ） 贝（ ）
止（ ） 曰（ ） 虫（ ） 四（ ）
川（ ） 力（ ） 门（ ） 日（ ）
上（ ） 几（ ） 皿（ ） 山（ ）
目（ ） 田（ ）

（3）三区的成字字根共 21 个：

白（ ） 乃（ ） 月（ ） 竹（ ）
彡（ ） 扌（ ） 亻（ ） 八（ ）
禾（ ） 攵（ ） 手（ ） 用（ ）

钅（　　　　） 人（　　　　） 夂（　　　　） 金（　　　　）
勹（　　　　） 歹（　　　　） 儿（　　　　） 彳（　　　　）
夕（　　　　）

（4）四区的成字字根共 23 个：

氵（　　　　） 冫（　　　　） 文（　　　　） 冖（　　　　）
方（　　　　） 立（　　　　） 宀（　　　　） 廴（　　　　）
灬（　　　　） 水（　　　　） 亠（　　　　） 小（　　　　）
之（　　　　） 门（　　　　） 广（　　　　） 火（　　　　）
丬（　　　　） 米（　　　　） 讠（　　　　） 六（　　　　）
辶（　　　　） 疒（　　　　） 言（　　　　）

（5）五区的成字字根共 22 个：

巳（　　　　） 己（　　　　） 马（　　　　） 彐（　　　　）
巛（　　　　） 孑（　　　　） 尸（　　　　） 幺（　　　　）
厶（　　　　） 纟（　　　　） 刀（　　　　） 耳（　　　　）
心（　　　　） 羽（　　　　） 又（　　　　） 卩（　　　　）
了（　　　　） 也（　　　　） 弓（　　　　） 臼（　　　　）
凵（　　　　） 女（　　　　）

项目二十三　练习键面汉字的输入

项目描述

掌握键名汉字、成字字根和单笔画字根的输入方法。

项目实施要求

熟记 25 个键名汉字，成字字根和单笔画字根“一”、“丨”、“丿”、“丶”、“乙”的编码。

项目任务单

1	字根练习
2	单字练习
3	课后作业

任务一：字根练习

在练习字根之前，请将字根助记词再背一遍。

打开“金山打字”练习软件，选择“五笔打字”→“字根练习”，练习 15 分钟，复习字根。

任务二：单字练习

1）请到机工社网站 www.cmpedu.com 免费注册登录下载练习素材“单项练习”、“综合练习”。

2）将练习素材中的“单项练习”导入到路径为：“C:\Program Files\Kingsoft\Type Easy 2006\Data\Chinese\T_Article\”下面。

3）打开“金山打字”练习软件，选择“五笔打字”→“文章练习”→“课程选择”→“中文文章”→“普通文章”→“单项练习”，分别练习 jmz.txt 和 czzg.txt.，直到熟练。

小提示

1. 本书所提供练习素材“单项练习”、“综合练习”的电子稿，请到机工社网站 www.cmpedu.com 免费注册登录下载。

2. 以后练习素材“单项练习”、“综合练习”，如果不做特别说明一律放在“C:\Program Files\Kingsoft\TypeEasy 2006\Data\Chinese\T_Article\ 中。

4）过程评价：

请记录下你打字的速度、正确率，与同组的同学比较、交流一下，看看谁的进步更大，怎样练习才能进步更快。

5）自我总结。

练习结束之后，返回登录窗口，打开个人管理账户，及时查看练习过程中“常错键位”、“常错汉字“、“综合信息”等相关内容。

常错字＿＿＿＿＿＿＿＿＿＿＿＿＿＿＿＿＿＿＿＿＿＿＿，速度＿＿＿＿＿。

6）对常错汉字经常练习，有意识地记忆它的编码，然后再看看速度和正确率是否提高了。

任务三：课后作业

拆分汉字练习：写出构成下列汉字的所有字根

据	统	计	目	前
资	产	超	亿	美
元	的	中	国	富
豪	已	达	百	名
以	上	而	一	年
前	这	个	统	计
数	据	不	到	百
名	富	豪	人	数
的	惊	人	增	长
被	认	为	是	中
国	股	市	和	楼

市 高 速 增 长
的 功 劳 其 中
房 地 产 行 业
为 富 豪 榜 贡
献 多 人 财 富
来 得 这 么 容
易 积 累 的 渠
道 这 么 怪 异
也 反 证 了 致
富 手 段 存 在
着 相 当 大 的
问 题 这 和 正
当 的 财 富 分
配 是 两 码 事
和 勤 劳 诚 实
智 慧 致 富 的
理 念 背 道 而
驰 应 该 承 认
一 部 分 人 占
有 极 多 的 财

项目二十四　键外汉字的输入

项目描述

掌握二根字、三根字和多根字的输入方法。

项目实施要求

掌握识别码的输入。

项目任务单

1	掌握多根字的输入
2	掌握二根字、三根字的输入
3	掌握末笔字型交叉识别码
4	课后作业

任务一：掌握多根字的输入

知识点：

所谓“多根字”，是指按照规定拆分之后，总数等于或多于4个字根的字。这种字，不管拆出了几个字根，我们只按顺序取其第一、二、三及最末一个字根，俗称“一二三末”，共取四个码。

所以多根字的输入公式：首字根码＋第二字根码＋第三字根码＋末字根码

例如：

例字	首字根码	第二字根码	第三字根码	第四字根码	输入码
都	F（土）	T（丿）	J（日）	B（阝）	FTJB
樱	S（木）	M（贝）	M（贝）	V（女）	SMMV

如果对字根特别多的汉字，就要舍去中间第四、五等的字根，只取最后一个字根。

例如：

例字	首字根码	第二字根码	第三字根码	第四五六字根	末字根码	输入码
戆	U（立）	J（早）	T（夂）	贝	N（心）	UJTN
嬴：	Y（亠）	N（乙）	K（口）	月 贝 几	Y（丶）	YNKY

任务二：掌握二根字、三根字的输入

知识点：

1. 二根字的输入

二根字就是由两个字根组成的汉字。

二根字的输入公式：首字根码＋次字根码＋识别码。例如：

例字	拆分字根	字根码	识别码	输入码
字	宀 子	PB	F	PBF␣

2. 三根字的输入

三根字就是由三个字根组成的汉字。

三根字的输入公式是：首字根码＋次字根码＋第三字根码＋识别码。例如：

例字	拆分字根	字根码	识别码	输入码
识	言 口 八	YKW	Y	YKWY

任务三：掌握末笔字型交叉识别码

知识点：

1. 什么是识别码

对于不足4个字根（二根字、三根字）的键外字，五笔字型输入法为了减少重码而加的识别码称为末笔字型交叉识别码，简称识别码。

对于四个以上字根码的汉字，基本上是唯一的没有重码，但不足四个字根汉字则会有重码，例如：

“只”和“叭”的字根码均是KW；

“位”和“们”的字根码均是WU。

为了能区别这些汉字，五笔字型输入法规定：此类汉字输入码在其不足四个字根码后再加上一个“末笔字型识别码”，若还不足四码则以空格符“␣”为结束码。例：

“只”输入码　KWU+空格　　其中的U是末笔识别码；

“应”输入码　YID+空格　　其中的D是末笔识别码；

“拈”输入码　RHKG　　其中的G是末笔识别码。

为了进一步区分这些字，五笔字型编码输入法中引入了一个末笔字型交叉识别码，它是由字的末笔笔画和字型信息共同构成的。

具体说来，末笔字型交叉识别码，是将汉字的末笔代号作为十位，字型代号作为个位所构成的二位数，称为汉字的末笔字型交叉识别码，即：

末笔字型识别码=末笔代码+字型代码

例如：

例字	拆分字根	末笔画 代码	字型 代码	识别码	输入码
只	口 八	丶 → 4	上下型 → 2	42 → U	KWU␣
叭	口 八	丶 → 4	左右型 → 1	41 → Y	KWY␣
字	宀 子	一 → 1	上下型 → 2	12 → F	PBF
识	讠 口 八	丶 → 4	左右型 → 1	41 → Y	YKWY
气	𠂉 乙	乙 → 5	上下型 → 2	52 → B	RNB␣
头	丫 大	丶 → 4	杂合型 → 3	43 → I	UDI
万	厂 乙	乙 → 5	杂合型 → 3	53 → V	DNV
拈	扌 卜 口	一 → 1	左右型 → 1	11 → G	RHKG

末笔笔画只有五种，字型信息只有三类，因此末笔字型交叉识别码只有15种，见表24-1。从表中可见，“汉”字的交叉识别码为Y，“沐、汀、洒”的交叉识码分别为Y、H、G。

表 24-1　末笔字型交叉识别码表

字型 / 末笔画	左右型 1	上下型 2	杂合型 3
横 1	11G	12F	13D
竖 2	21H	22J	23K
撇 3	31T	32R	33E
捺 4	41Y	42U	43I
折 5	51N	52B	53V

小技巧

★按如下做法，你只要5分钟就能学会识别码：

“1”型（左右型）字：码元打完之后，补打1个末笔画即等同于加了“识别码”。

例：沐：氵木丶（“丶”为末笔，补1个“丶”）；汀：氵丁丨（“丨”为末笔，补1个“丨”）；洒：氵西一（“一”为末笔，补1个“一”）

“2”型（上下型）字：码元打完之后，补打由2个末笔画复合构成的“码元”即等同于加了“识别码”。

例：华：亻匕十（末笔为“丨”，2型，补打“刂”作为“识别码”）；字：宀子二（末笔为“一”，2型，补打“二”作为“识别码”）；参：厶大彡（末笔为“丿”，2型，补打“R”作为“识别码”）

“3”型（杂合型）字：码元打完之后，补打由3个末笔画复合而成的“码元”即等同于加了“识别码”。

例：同：冂一口（末笔为“一”，3型，补打“三”作为“识别码”）；串：口口丨（末笔为“丨”，3型，补打“川”作为“识别码”）；国：囗王丶（末笔为“丶”，3型，补打“氵”作为“识别码”）

2. 关于“末笔”的几项说明（只适用于五笔字型86版）

1）对于“九、刀、力、匕”四个字根，规定用笔画“折”作为它们的末笔。

例如：

例字	拆分字根	识别码分析	识别码	输入码
男：	田力	末笔为“乙”，2型	B	LLB
化：	亻匕	末笔为“乙”，1型	N	WXN
劳：	艹冖力	末笔为“乙”，2型	B	APLB

2）对于带“走之”及带“方框”的包围型字体，它们的末笔规定为被包围部分的末笔。

例如：

例字	拆分字根	识别码分析	识别码	输入码
进	二刂辶	末笔“丨”3型	K	FJPK
远	二儿辶	末笔“乙”3型	V	FQPV
团	囗十丿	末笔“丿”3型	E	LFTE
哉	十戈口	末笔“一”3型	D	FAKD

3）“我”、“戋”、“成”等字的末笔，遵从“从上到下”的原则，定“丿”为末笔。

例如：

例字	拆分字根	输入码分析	输入码
我	丿扌乙丿	取一二三末，只取4码	TRNT
戋	戋一一丿	成字字根，先“报户口”，再取1、2、末笔	GGGT
成	厂乙乙丿	取一二三末，只取4码	DNNT

4）单独点：对于“义、太、勺”等字中的“单独点”，认为这种“单独点”与其附近的码元是“相连”的，属于杂合型（3型）。其中“义”的笔顺，按上述“从上到下”的原则，认为是“先点后撇”。

例如：

例字	拆分字根	字型	识别码	输入码
义：	丶乂	杂合型	I	YQI
太：	大丶	杂合型	I	DYI
勺：	勹丶	杂合型	I	QYI

5）单独笔画与另一字根“相连”，为杂合型。

例如：

例字	拆分字根	字型	识别码	输入码
正	一止	杂合型	D	GHD
千	丿十	杂合型	K	TFK
主	丶王	杂合型	D	YGD

任务四：课后作业

1．四根字的输入码练习

氧（ ）	热（ ）	抓（ ）	脉（ ）	铜（ ）
您（ ）	臂（ ）	道（ ）	愿（ ）	筒（ ）
期（ ）	制（ ）	美（ ）	怎（ ）	使（ ）
势（ ）	含（ ）	觉（ ）	燃（ ）	镇（ ）
冷（ ）	铣（ ）	炼（ ）	斜（ ）	剪（ ）
荷（ ）	谬（ ）	洞（ ）	摩（ ）	建（ ）
速（ ）	域（ ）	照（ ）	围（ ）	啥（ ）
拿（ ）	游（ ）	壁（ ）	念（ ）	贵（ ）
脚（ ）	善（ ）	两（ ）	造（ ）	簧（ ）
留（ ）	翻（ ）	资（ ）	桑（ ）	影（ ）
命（ ）	岛（ ）	救（ ）	靡（ ）	毒（ ）
貌（ ）	被（ ）	勤（ ）	传（ ）	察（ ）
膜（ ）	岭（ ）	甚（ ）	望（ ）	掌（ ）
追（ ）	型（ ）	耐（ ）	播（ ）	津（ ）
登（ ）	挖（ ）	辉（ ）	够（ ）	零（ ）
探（ ）	船（ ）	律（ ）	致（ ）	都（ ）

2．超过四根字的输入码练习

感（ ）	常（ ）	鼓（ ）	端（ ）	满（ ）
该（ ）	霉（ ）	愈（ ）	赞（ ）	废（ ）
蒸（ ）	核（ ）	穗（ ）	塔（ ）	州（ ）
锤（ ）	遵（ ）	敏（ ）	整（ ）	腐（ ）
射（ ）	骗（ ）	靠（ ）	编（ ）	孩（ ）
遗（ ）	盛（ ）	赛（ ）	歌（ ）	键（ ）
慧（ ）	篇（ ）	繁（ ）	饲（ ）	塞（ ）

额（　）	裂（　）	猪（　）	溶（　）	槽（　）
褐（　）	割（　）	擦（　）	缝（　）	穿（　）
警（　）	露（　）	领（　）	版（　）	献（　）
遭（　）	寨（　）	偏（　）	题（　）	耗（　）
塑（　）	辅（　）	龄（　）	疑（　）	喊（　）

3. 末笔画为横的识别码打字练习，并上机验证

丑（　）	轱（　）	尘（　）	柚（　）	柏（　）
栩（　）	翟（　）	牯（　）	旦（　）	铨（　）
昝（　）	昱（　）	奋（　）	熠（　）	铒（　）
肓（　）	炻（　）	煳（　）	沽（　）	丹（　）
苟（　）	眚（　）	闯（　）	骷（　）	和（　）
肚（　）	圭（　）	钍（　）	刁（　）	杜（　）
霍（　）	告（　）	回（　）	铒（　）	甘（　）
杠（　）	玛（　）	冒（　）	码（　）	吝（　）
蚂（　）	吗（　）	孟（　）	亩（　）	苗（　）
眉（　）	庙（　）	牡（　）	捏（　）	棚（　）
涅（　）	拈（　）	疟（　）	拍（　）	粕（　）
泣（　）	栖（　）	迫（　）	奇（　）	企（　）
柏（　）	扯（　）	备（　）	凹（　）	铂（　）
倡（　）	青（　）	雀（　）	丘（　）	茄（　）
酋（　）	蛆（　）	壬（　）	润（　）	仁（　）
冉（　）	茸（　）	汝（　）	苫（　）	圣（　）
扇（　）	晒（　）	尚（　）	舌（　）	仕（　）

4. 末笔画为竖的识别码打字练习，并上机验证

单（　）	仲（　）	厕（　）	掉（　）	到（　）
皋（　）	弗（　）	库（　）	抖（　）	杆（　）
讪（　）	荤（　）	辜（　）	倬（　）	赶（　）
旱（　）	郢（　）	诫（　）	击（　）	邝（　）
亨（　）	剂（　）	疔（　）	垴（　）	巾（　）
圻（　）	奸（　）	井（　）	齐（　）	哳（　）
连（　）	利（　）	库（　）	叩（　）	升（　）
痒（　）	刨（　）	判（　）	牛（　）	到（　）
匣（　）	妤（　）	申（　）	汕（　）	千（　）
迕（　）	丫（　）	岸（　）	舢（　）	午（　）
粬（　）	羿（　）	异（　）	梓（　）	驯（　）
汹（　）	忻（　）	卑（　）	吁（　）	胛（　）
沂（　）	耶（　）	羊（　）	氚（　）	汁（　）

斫（ ） 甬（ ） 章（ ） 镡（ ） 瘴（ ）
岔（ ） 蜥（ ） 舁（ ） 亍（ ） 覃（ ）
卅（ ） 斗（ ） 市（ ） 杵（ ） 刿（ ）

5．末笔画为撇的识别码打字练习，并上机验证

贱（ ） 旷（ ） 笺（ ） 毋（ ） 曳（ ）
气（ ） 庐（ ） 少（ ） 犷（ ） 场（ ）
妒（ ） 矿（ ） 胪（ ） 炀（ ） 铋（ ）
栈（ ） 扩（ ） 杉（ ） 纩（ ） 豸（ ）
彦（ ） 尹（ ） 汀（ ） 轳（ ） 伐（ ）
饯（ ） 溅（ ） 芦（ ） 髟（ ） 户（ ）
垆（ ） 浅（ ） 戋（ ） 声（ ） 贼（ ）
芴（ ） 栌（ ） 勿（ ） 乡（ ） 轸（ ）
彤（ ） 钐（ ） 宓（ ）

6．末笔画为捺的识别码打字练习，并上机验证

泵（ ） 汶（ ） 败（ ） 卞（ ） 汉（ ）
沐（ ） 愁（ ） 涿（ ） 茶（ ） 臭（ ）
浔（ ） 泥（ ） 待（ ） 婊（ ） 床（ ）
等（ ） 逯（ ） 象（ ） 乏（ ） 玟（ ）
钓（ ） 钒（ ） 纨（ ） 缌（ ） 父（ ）
支（ ） 吠（ ） 讣（ ） 柝（ ） 椋（ ）
钩（ ） 脒（ ） 冈（ ） 勾（ ） 敫（ ）
朕（ ） 臾（ ） 忑（ ） 枚（ ） 艮（ ）
焱（ ） 礻（ ） 忌（ ） 破（ ） 很（ ）
贾（ ） 砜（ ） 砝（ ） 抉（ ） 钰（ ）
仅（ ） 诀（ ） 钚（ ） 钬（ ） 隶（ ）
镍（ ） 虿（ ） 漏（ ） 买（ ） 耒（ ）
罗（ ） 恳（ ） 凉（ ） 铽（ ） 锊（ ）
预（ ） 叉（ ） 灭（ ） 矽（ ） 厌（ ）
谜（ ） 枚（ ） 触（ ） 农（ ） 穴（ ）
圆（ ） 聂（ ） 莫（ ） 狄（ ） 朴（ ）
驭（ ） 痔（ ） 仆（ ） 呕（ ） 飞（ ）

7．末笔画为折的识别码打字练习，并上机验证

叨（ ） 厄（ ） 艿（ ） 叻（ ） 宄（ ）
芫（ ） 岘（ ） 夯（ ） 叱（ ） 岜（ ）
扪（ ） 仇（ ） 闶（ ） 筋（ ） 囹（ ）
汜（ ） 呲（ ） 犰（ ） 讥（ ） 仓（ ）
庀（ ） 蚍（ ） 犰（ ） 讥（ ） 仓（ ）

孔（ ）	疤（ ）	彻（ ）	笆（ ）	卷（ ）
纰（ ）	扔（ ）	妃（ ）	绁（ ）	尻（ ）
虏（ ）	雩（ ）	雳（ ）	枧（ ）	羌（ ）
杞（ ）	枋（ ）	晁（ ）	万（ ）	楷（ ）
祀（ ）	桄（ ）	鲂（ ）	钫（ ）	锈（ ）
钇（ ）	铳（ ）	钆（ ）	泄（ ）	疣（ ）
幼（ ）	痨（ ）	虍（ ）	铯（ ）	邑（ ）
舫（ ）	兆（ ）	轧（ ）	粑（ ）	札（ ）
元（ ）	乇（ ）	仂（ ）	仉（ ）	卮（ ）

项目二十五 练习键外汉字的输入

项目描述

熟练地添加识别码。

项目实施要求

通过验证上堂课的作业，巩固识别码的添加方法。

项目任务单

1	复习键面汉字
2	验证作业
3	课后作业

任务一：复习键面汉字

打开“金山打字”练习软件，选择“五笔打字”→“文章练习”→“课程选择”→“中文文章”→“普通文章”→“单项练习”，复习键面汉字的输入。

任务二：验证作业

1）打开“金山打字”练习软件，选择“五笔打字”→“文章练习”→“课程选择”→“中文文章”→“普通文章”→“单项练习”，选择文件 sbm.txt。

练习过程中要注意校对上次识别码的作业。

2）过程评价：

请记录下你打字的速度、正确率，与同组的同学比较、交流一下，看看谁的进步更大，怎样练习才能进步更快。

3）自我总结。

每一次的练习结束之后，及时返回登录窗口，打开个人管理账户，及时查看练习过程中“常错键位”、“常错汉字“、“综合信息”等相关内容。

4）将你的错字和速度记录下来。

常错字____，速度__________。

5）对常错汉字经常练习，有意识地记忆它的编码，然后再看看速度和正确率是否提高了。

小提示

在刚开始学习汉字录入之前，先不求快，而是求正确。

任务三：课后作业

写出下列常用字的编码，并上机验证

的 一 是 在 了 这 有 大 和 主 中 人 上 为 门 地 个 用 工

时 要 动 国 放 以 我 到 他 会 作 来 分 生 对 于 学 下 级

义 就 年 阶 发 成 部 民 可 出 能 方 面 同 行 进 说 种 命

度 革 而 多 子 后 自 社 加 小 机 也 经 力 线 本 电 产 量

长 党 得 实 家 定 深 法 表 着 水 理 化 争 现 所 一 起 政

三 好 十 战 无 家 使 性 前 等 反 体 合 斗 路 图 把 结 第

里 正 新 开 论 之 物 从 当 两 些 还 天 资 事 队 批 如 应

形 想 制 心 样 于 都 向 变 关 点 育 其 思 与 间 内 去 因

件 日 利 相 由 压 员 气 业 代 全 组 数 果 期 导 平 各 基

月 毛 然 问 比 或 展 那 它 最 及 我 没 看 治 提 五 解 系

林 者 米 群 头 意 只 明 四 道 马 认 文 通 但 条 较 克 又

公 孔 领 定 流 人 接 席 位 情 运 器 并 习 原 油 立 题 质

指 建 区 验 活 众 很 教 决 特 此 常 石 强 极 土 少 已 根

共 直 团 统 式 转 别 造 切 九 你 取 西 持 总 料 连 任 志

观 调 么 七 山 程 百 抱 更 见 必 真 保 热 委 手 改 管 处

已 将 修 支 识 病 象 先 老 光 专 几 什 六 型 具 示 复 安

带 每 东 增 则 完 风 回 南 广 劳 轮 科 北 打 积 车 计 给

节 做 务 被 整 联 步 类 颠 号 列 温 装 即 毫 轴 知 单 色

坚 据 速 防 史 拉 世 设 达 尔 场 织 历 花 受 求 传 口 断

况 采 精 金 界 品 判 参 层 止 边 清 至 万 确 究 书 低 术

状 况 厂 须 离 再 目 海 交 权 且 儿 表 才 证 越 际 八 试

规 斯 近 注 办 布 门 铁 需 走 议 县 兵 虫 固 除 般 引 齿

千 胜 细 影 济 白 格 效 置 推 空 配 刀 叶 率 今 选 养 德

话 查 差 半 敌 始 片 施 响 收 华 觉 备 名 红 续 均 药 标

记 难 存 测 士 身 紧 液 派 准 斤 角 降 维 板 许 破 述 技

消 底 床 田 势

项目二十六 常用字的输入练习

项目描述

熟悉常用字的编码。

项目实施要求

通过对常用字的编码练习，掌握常用字的编码。

项目任务单

1	复习识别码
2	常用字的输入练习
3	课后作业

任务一：复习识别码

打开“金山打字”练习软件，选择“五笔打字”→“文章练习”→“课程选择”→“中文文章”→“普通文章”→“单项练习”→“sbm.txt”，复习识别码的输入，特别是要注意常错的字。

任务二：常用字的输入练习

1）打开“金山打字”练习软件，选择“五笔打字”→“单字练习”→“课程选择”→“常用字”。

2）过程评价：

请记录下你打字的速度、正确率，与同组的同学比较、交流一下，看看谁的进步更大，怎样练习才能进步更快。

3）自我总结。

练习结束之后，返回登录窗口，打开个人管理账户，及时查看练习过程中“常错键位”、“常错汉字“、“综合信息”等相关内容。

常错字______________________________，速度__________。

4）对常错汉字经常练习，有意识地记忆它的编码，然后再看看速度和正确率是否提高了。

小提示

在练习打字过程中，有的同学喜欢一直打开“编码提示”，觉得这样方便，但是这样做往往容易养成依赖“编码提示”的习惯，而不能主动思考编码的由来，这对提高你的打字水平是不利的，所以，不到万不得已，不要打开“编码提示”。

任务三：课后作业

1. 写出下列难拆字的编码，并上机验证

艾	凹	扒	叭	笆	把	坝	柏	败	拌	钡	备	泵
卞	仑	草	厕	叉	场	倡	扯	尘	驰	尺	斥	愁
仇	臭	触	床	闯	待	丹	单	旦	悼	笛	刁	翟
钓	冬	斗	肚	杜	妒	论	尔	伐	令	犯	坊	妨
肪	访	飞	吠	奋	封	伏	弗	付	父	讣	改	甘

杆	秆	风	杠	皋	告	汞	钩	勾	苟	辜	咕	沽
蛊	故	固	刮	挂	圭	闺	汗	旱	夯	亨	弘	户
幻	皇	回	卉	汇	晕	昏	霍	击	讥	伎	剂	忌
佳	贾	钾	笺	肩	奸	茧	见	践	秸	却	戒	巾
仅	京	惊	井	竞	炯	酒	巨	句	卷	抉	诀	钩
君	卡	揩	刊	看	扛	抗	元	孔	哭	苦	库	匡
框	矿	旷	旷	亏	奎	坤	垃	兰	雷	泪	厘	里
礼	栗	子	利	粒	隶	连	凉	晾	疗	各	漏	芦
庐	虏	掠	仓	玛	码	蚂	吗	买	麦	枚	眉	美
闷	孟	苗	庙	灭	闽	牡	牡	尿	捏	聂	牛	农
弄	奴	疟	呕	拍	判	刨	匹	票	迫	粕	扑	仆
厅	齐	乞	企	气	泣	扦	仟	浅	斗	羌	巧	茄
怯	芹	青	琼	丘	囚	蛆	去	泉	冉	壬	仁	刃
戎	萁	冗	汝	杀	晒	汕	扇	尚	勺	舌	申	声
升	失	屎	市	谁	私	宋	诵	酥	岁	她	叹	讨
套	汀	廷	童	头	秃	徒	吐	推	驮	洼	丸	万
亡	枉	旺	忘	妄	唯	未	位	蚊	纹	紊	问	沃
芜	吾	捂	午	伍	勿	悟	昔	硒	矽	虾	匣	闲
香	乡	翔	泄	屑	芯	锌	忻	刑	杏	兄	汹	朽
玄	穴	血	训	丫	岩	阎	厌	唁	秧	佯	仰	舀
耶	沂	页	曳	艺	伊	邑	异	尹	应	拥	佣	痈
蛹	万	铀	酉	幼	余	鱼	予	吁	誉	驭	元	圆
钥	云	孕	宰	皂	责	扎	札	轧	债	盏	栈	章
丈	瘴	正	仔	汁	自	走	足	阴	植	值	址	痔
钟	仲	诌	肘	住	诗	壮	椎	附	谆	卓	孜	亩

项目二十七 难拆汉字的输入练习

项目描述

练习拆字。

项目实施要求

通过对难拆字的编码练习，掌握难拆字的编码。

项目任务单

1	复习常用汉字输入
2	难拆汉字输入练习
3	课后作业

任务一：复习常用汉字输入

打开“金山打字”练习软件，选择“五笔打字”→“单字练习”→“课程选择”→“常用字”。

任务二：难拆汉字输入练习

1）打开“金山打字”练习软件，选择“五笔打字”→“单字练习”→“课程选择”→“难拆字”。

2）过程评价：

请记录下你打字的速度、正确率，与同组的同学比较、交流一下，看看谁的进步更大，怎样练习才能进步更快。

3）自我总结。

练习结束之后，返回登录窗口，打开个人管理账户，及时查看练习过程中“常错键位”、“常错汉字”、“综合信息”等相关内容。

常错字______________________________________，速度__________。

4）对常错汉字经常练习，有意识地记忆它的编码，然后再看看速度和正确率是否提高了。

任务三：课后作业

综合练习：写出下列字的五笔编码，并将这些字以“lx1.txt”为文件名存在“单项练习”文件夹下，以便下次上课验证编码是否正确。

工	式	止	工	了	子	子	子	以	双
又	又	在	大	磊	大	有	朋	月	月

地	寺	圭	土	一	五	王	王	上	止
止	目	不	水	水	水	是	昌	晶	日
中	吕	品	口	国	男	田	田	同	册
山	山	民	忆	忆	已	为	炎	火	火
这	之	之	之	我	多	金	的	折	白
白	要	林	森	木	和	笔	禾	禾	产
立	立	立	发	妇	女	女	人	从	众
众	经	比	乡	乡	主	方	言	下	难
如	肌	宛	睡	进	膛	外	晨	宫	肖
楞	同	城	困	防	虽	钱	瓣	继	台
守	骨	妆	入	敢	怕	江	睛	东	盯
约	业	粉	时	下	民	相	世	百	睛
伙	所	放	嫌	也	功	汉	夺	蝇	拉
公	离	处	工	了	以	在	有	地	一
上	不	是	中	国	同	为	这	我	的
要	和	产	发	人	经	主	动	重	义
两	都	说	导	力	夫	全	于	个	种
它	们	本	数	可	用	员	后	头	他
各	解	就	林	多	业	没	线	问	部
只	平	命	基	电	最	期	级		

项目二十八　简码的输入

项目描述

掌握一级简码、二级简码、三级简码的输入方法。

项目实施要求

熟背 25 个一级简码，熟悉 600 多个二级简码。

项目任务单

1	一级简码的输入
2	二级简码的输入
3	三级简码的输入
4	课后作业

任务一：一级简码的输入

知识点：

一级简码也称为高频字，在五笔字型键盘的每一个键位上有一个，25 个键位一共 25 个，要牢记这 25 个一级简码。

一级简码在键盘上的分布，见表 28-1。

表 28-1　一级简码表

我 35Q	人 34W	有 33E	的 32R	和 31T	主 41Y	产 42U	不 43I	为 44O	这 45P
工 15A	要 14S	在 13D	地 12F	一 11G	上 21H	是 22J	中 23K	国 24L	
Z	经 55X	以 54C	发 53V	了 52B	民 51N	同 25M	< ，		

当然，25 个高频字可以用一级简码输入，也可以用全码输入，例如输入“这”字，如图 28-1、图 28-2 所示。

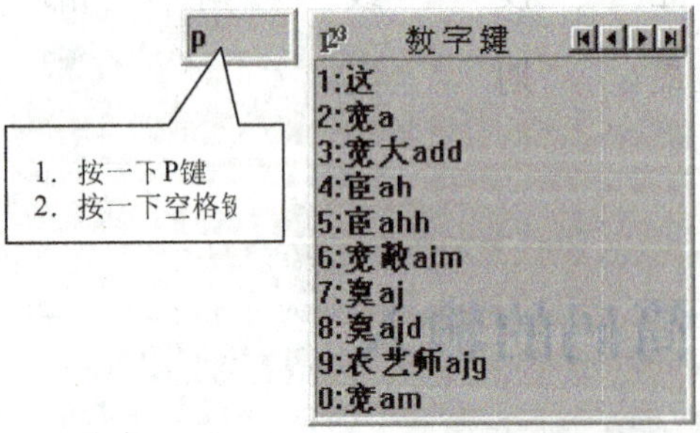

图 28-1　“这”字的一级简码输入

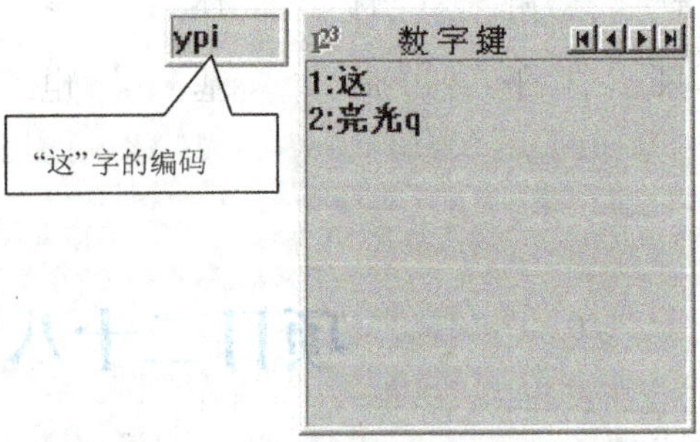

图 28-2　“这”字的全码输入

任务二：二级简码的输入

知识点：

二级简码，由单字的前两个字根码再加上空格键即可，理论上讲，25 个键位最多允许

25×25=625 个汉字可用二级简码，但由于有几个空位，实际上有 610 个。表 28-2 列出了所有的二级简码。

表 28-2 五笔字型二级简码表（86 版）

二级简码		第二代码				
		GFDSA	HJKLM	TREWQ	YUIOP	NBVCX
第一代码	G	五于天末开	下理事画现	玫珠表珍列	玉平不来	与屯妻到互
	F	二寺城霜载	直进吉协南	才垢圾夫无	坟增示赤过	志地雪支
	D	三夺大厅左	丰百右历面	帮原胡春克	太磁砂灰达	成顾肆友龙
	S	本村枯林械	相查可楞机	格析极检构	术样档杰棕	杨李要权楷
	A	七革基苛式	牙划或功贡	攻匠菜共区	芳燕东芝	世节切芭药
	H	睛睦睚盯虎	止旧占卤贞	睡睥肯具餐	眩瞳步眯瞎	卢 眼皮此
	J	量时晨果虹	早昌蝇曙遇	昨蝗明蛤晚	景暗晃显晕	电最归紧昆
	K	呈叶顺呆呀	中虽吕另员	呼听吸只史	嘛啼吵噗喧	叫啊哪吧哟
	L	车轩因困轼	四辊加男轴	力斩胃办罗	罚较 辚边	思团轨轻累
	M	同财央朵曲	由则 崭册	几贩骨内风	凡赠峭赕迪	岂邮凤嶷
	T	生行知条长	处得各务向	笔物秀答称	入科秒秋管	秘季委么第
	R	后持拓打找	年提扣押抽	手折扔失换	扩拉朱搂近	所报扫反批
	E	且肝须采肛	胩胆肿肋肌	用遥朋脸胸	及胶膛膦爱	甩服妥肥脂
	W	全会估休代	个介保佃仙	作伯仍从你	信们偿伙	亿他分公化
	Q	钱针然钉氏	外旬名甸负	儿铁角欠多	久匀乐炙锭	包凶争色
	Y	主计庆订度	让刘训为高	放诉衣认义	方说就变这	记离良充率
	U	闰半关亲并	站间部曾商	产瓣前闪交	六立冰普帝	决闻妆冯北
	I	汪法尖洒江	小浊澡渐没	少泊肖兴光	注洋水淡学	沁池当汉涨
	O	业灶类灯煤	粘烛炽烟灿	烽煌粗粉炮	米料炒炎迷	断籽娄烃糨
	P	定守害宁宽	寂审宫军宙	客宾家空宛	社实宵灾之	官字安 它
	N	怀导居 民	收慢避惭届	必怕 愉懈	心习悄屡忱	忆敢恨怪尼
	B	卫际承阿陈	耻阳职阵出	降孤阴队隐	防联孙耿辽	也子限取陛
	V	姨寻姑杂毁	叟旭如舅妯	九 奶 婚	妨嫌录灵巡	刀好妇妈姆
	C	骊对参骠戏	骒台劝观	矣牟能难允	驻骈 驼	马邓艰双
	X	线结顷 红	引旨强细纲	张绵级给约	纺弱纱继综	纪弛绿经比

任务三：三级简码的输入

知识点：

三级简码的编码也是有规律的，一般是取正常编码的前三码，输入时只需输入三码加上空格键即可。例如：“根”字输入 SVE 加上空格键即可。绝大多数两字根和三字根汉字不必加末笔字型交叉识别码。在五笔输入法中，可以使用三级简码输入的汉字共有 4400 个。

使用三级简码输入和使用全码输入相比，并没有减少总的击键次数，但因为省略了最后的字根码和末笔字型识别码，所以也相应地提高了输入的速度。

在五笔输入法中，使用各级简码输入的汉字已经占据了常用汉字的绝大多数，因此若能掌握好简码输入，可以使输入变得简明直观，从而大幅度提高输入速度。

任务四：课后作业

1．写出下列一级简码的输入代码

工	了	以	在	有	地	一	上	不
是	中	国	同	民	为	这	我	的
要	和	产	发	人	经	主		

2．写出下列二级简码的输入代码

五	于	天	末	开	下	理	事	画	现
玫	珠	表	珍	列	玉	平	不	来	与
屯	妻	到	互	现	二	寺	城	霜	载
直	进	吉	协	南	才	垢	圾	夫	无
坟	增	示	赤	过	志	地	雪	支	机
三	夺	大	厅	左	丰	百	右	历	面
帮	原	胡	春	克	太	磁	砂	灰	达
成	顾	肆	友	龙	本	村	枯	林	械
相	查	可	楞	机	格	析	极	检	构
术	样	档	杰	棕	杨	李	要	权	楷
七	革	基	苛	式	牙	划	或	功	贡
攻	匠	菜	共	区	芳	燕	东	蒌	芝
世	节	切	芭	药	睛	睦	现	盯	虎
止	旧	占	卤	贞	睡	现	肯	具	餐
眩	瞳	步	眯	瞎	卢	耻	眼	皮	此
量	时	晨	果	虹	早	昌	蝇	曙	遇
昨	蝗	明	蛤	晚	景	暗	晃	显	晕
电	最	归	紧	昆	呈	叶	顺	呆	呀
中	虽	吕	另	员	呼	听	吸	只	史
嘛	啼	吵	现	喧	叫	啊	哪	吧	哟
车	轩	因	困	轼	四	辊	加	男	轴
力	斩	胃	办	罗	罚	较	渐	烟	边
思	现	轨	轻	累	同	财	央	朵	曲
由	则	迥	崭	册	几	贩	骨	内	风

凡	赠	峭	霜	迪	岂	邮	妯	风	现
生	行	知	条	长	处	得	各	务	向
笔	物	秀	答	称	现	科	秒	秋	管
秘	季	委	么	第	后	持	拓	打	找

项目二十九　简码输入练习

项目描述

练习一级简码、二级简码。

项目实施要求

熟练一级简码、二级简码。

项目任务单

1	复习单字输入练习
2	简码练习
3	课后作业

任务一：复习单字输入练习

打开“金山打字”练习软件，选择“五笔打字”→“文章练习”→“课程选择”→“中文文章”→“普通文章”→“单项练习”，复习单字输入法。

任务二：简码练习

1）打开“金山打字”练习软件，选择“五笔打字”→“单字练习”，选择“课程选择”→“一级简码、二级简码”，进行练习。

在 设置 选项中，在刚开始不熟练的时候可以勾选 ☑编码提示，熟练之后，就不需要了，不能养成依赖编码提示的习惯。

2）过程评价：

请记录下你打字的速度、正确率，与同组的同学比较、交流一下，看看谁的进步更大，怎样练习才能进步更快。

3）自我总结。

练习结束之后，返回登录窗口，打开个人管理账户，及时查看练习过程中“常错键位”、“常错汉字“、“综合信息”等相关内容。

常错字____，速度__________。

4）对常错汉字经常练习，有意识地记忆它的编码。

任务三：课后作业

写出下列汉字的五笔输入代码

工期	工艺	工区	工匠	工友	节能
节奏	节目	节水	蒸汽	茅台	茅屋
期限	基点	期满	勘误	基调	期望
藏族	斯文	散布	菜场	散步	散发

项目三十　词组的输入

项目描述

掌握词组的输入方法，Z 键的使用。

项目实施要求

掌握双字词组、三字词组和多字词组的输入方法，万能学习键 Z 的使用方法。

项目任务单

1	双字词组的输入
2	三字词组的输入
3	多字词组的输入
4	万能学习键 Z 和重码
5	课后作业

任务一：双字词组的输入

知识点：

为了提高输入速度，五笔字型输入法提供了词语输入功能，可以输入双字词组、三字词组、四字词组和多字词组。

双字词组在汉语词组中所占的比重非常大，熟练掌握双字词组的输入是用户提高文字输入速度的关键。双字词的编码规则是：按书写顺序，取两个字全码的前两个代码，共四码。

例如：

词例	首字取第一、二码	次字取第一、二码	输入码
工人	工工	人人	AAWW
工厂	工工	厂一	AADG
用途	用丿	人禾	ETWT
发现	乙丿	王冂	NTGM
可贵	丁口	口丨	SKKH

任务二：三字词组的输入

知识点：

由三个汉字组成的词组叫做三字词组。输入时，先在前两个汉字的编码中，各取其第一个代码，然后在第三个汉字的编码中取前面的两个代码，共四码。

三字词输入编码举例如下：

词例	首字取第一码	次字取第一码	第三字取第一、二码	输入码
工艺品	工	卄	口口	AAKK
新技术	立	扌	木丶	URSY
共产党	廿	立	小冖	AUIP
幼儿园	幺	儿	囗二	XQLF
研究生	石	宀	丿龶	DPTG

任务三：多字词组的输入

知识点：

由四个汉字或四个汉字以上组成的词组叫做多字词组。输入时，分别取第一、第二、第三和最末汉字的编码中的第一个代码，共四码。

多字词输入编码举例如下：

词例	首字取第一码	次字取第一码	第三字取第一码	末字取第一码	输入码
基本原则	卄	木	厂	贝	ASDM
群众路线	彐	人	口	纟	VWKX
国际主义	囗	阝	丶	丶	LBYY
全国人民代表大会	人	囗	人	人	WLWW
中国共产党	口	囗	廿	小	KLAI

任务四：万能学习键Z和重码

知识点：

在标准键盘上一共有26个字母键，五笔字型的键位被分成5个区，每区5个位，共用去25个键，还剩下Z键未被使用。Z键在五笔输入法中是作为特殊的辅助键，即万能学习键。它可以代替其他 25 个字母键中的任何一个键来输入汉字，所以，Z 键输入法又称为选择式易学输入法。Z 键主要有以下两种使用方法。

1. Z 键的作用

（1）用 Z 键来代替识别码输入二根字和三根字

当一时想不出该字的识别码时，可用 Z 键来代替识别码，即在识别码的位置换上字母 Z，就可以查出该字的识别码及输入该字了。

例：欲输入“码”字，但又不知道该字的识别码，可用 Z 代替该识别码。在键盘上输入：dcz ␣，就可以查到该字了。

（2）用 Z 键代替末知的编码

当用户不知道欲输入的汉字的完整编码时，用 Z 键代替该字编码中未知的代码，可查出该输入码及输入该字。

2. 重码

在五笔字型输入法的编码中，将极少一部分无法唯一确定编码的汉字，用相同的编码来表示，这些具有相同编码的汉字称为“重码”字。

五笔字型输入法对重码字按其使用频率的高低，从前往后依次排列。当输入重码字的编码时，计算机发出“嘟”的警报声，提示用户出现重码字。重码字同时显示在字词列表框中，这时只要选择所需字对应的编号即可。若想输入的字正好是选单的第一个字，可以直接打空格键，第一个字就被选中；或者不作任何处理，直接输入下一个字，系统将默认选择的是第一个字。

任务五：课后作业

写出下列词组的五笔输入码

（1）双字词组

敬献	敬酒	欧洲	区别	警惕	医药
医院	攻克	董事	取代	聚集	堕落
随时	承办	随后	面交	碉堡	尤其
成功	万世	万能	全文	企求	修正
夜色	腐蚀	论据	腐朽	座位	诊费

（2）三字词组

黄花菜	葡萄酒	工艺品	蔚蓝色	茫茫然
芭蕾舞	莫斯科	欧共体	医药费	英联邦

警卫员	勘误表	英文版	散文集	散文诗
出勤率	联欢会	卫戍区	出成果	出厂价
聘用制	孔夫子	降雨量	陈列室	程序包

（3）多字词组

联系群众	耳闻目睹	承前启后	了如指掌	降低成本
出人头地	阿弥陀佛	出谋划策	陈词滥调	艰苦卓绝
艰难险阻	难能可贵	鸡犬不宁	骄奢淫逸	感激涕零
大兴安岭	万水千山	历史潮流	威风凛凛	百发百中
克己奉公	奋发图强	龙飞凤舞	百炼成刚	励精图治

项目三十一　词组输入练习

项目描述

练习词组输入。

项目实施要求

熟练掌握词组的。

项目任务单

1	复习单字输入练习
2	词组输入练习
3	课后作业

任务一：复习单字输入练习

打开“金山打字”练习软件，选择“五笔打字”→“单字练习”→“课程选择”→“常用字、难拆字”。

任务二：词组输入练习

1）打开“金山打字”练习软件，选择“五笔打字”→“词组练习”，选择“课程选择”→“双字词组、三字词组、多字词组”，进行练习。

2）自我总结。

练习结束之后，返回登录窗口，打开个人管理账户，及时查看练习过程中“常错键位”、“常错汉字”、“综合信息”等相关内容。

常错字______________________________________，速度__________。

3）对常错汉字经常练习，有意识地记忆它的编码。

任务三：课后作业

写出下列汉字的五笔输入代码，不会的字，下次上课讲解。

乙	丁	九	匕	刁	乃	乜	三
干	亍	于	亏	才	下	丈	与
万	上	千	乞	川	么	久	丸
及	亡	丫	义	之	已	己	巳
卫	孑	孓	也	飞	习	乡	丰
井	开	亓	夫	天	无	廿	支
卅	不	牙	互	中	内	午	壬
升	夭	长	反	爻	乏	氏	丹
卞	为	尹	尺	丑	巴	以	予
书	贝	末	未	击	戋	正	甘
世	本	术	可	丙	左	丕	右
布	戊	平	东	卡	北	凸	归
且	申	甲	由	史	央	册	冉
凹	生	失	乍	丘	斥	卮	乎
从	用	甩	氏	乐	匆	包	玄
兰	半	头	必	司	民	弗	疋
出	丝	戎	孝	老	亚	亘	吏
再	戌	在	百	而	成	死	成

夹	夷	尧	至	乱	师	曳	曲
网	肉	年	朱	丢	乔	乒	乓
向	囟	后	兆	舛	产	关	州
兴	农	尽	丞	买	戒	严	巫
求	甫	更	束	两	丽	来	芈
串	邑	我	囱	希	坐	龟	卵
岛	兑	弟	君	直	丧	或	事
枣	卖	非	些	果	畅	垂	乖
秉	臾	卑	阜	周	枭	氓	卷
单	肃	隶					

项目三十二　五笔字型输入法总结

项目描述

总结五笔字型输入法。

项目实施要求

掌握五笔字型输入法。

项目任务单

1	总结五笔字型输入法
2	课堂练习
3	课后作业

任务一：总结五笔字型输入法

知识点

1．确定汉字输入码的分析步骤

1）输入汉字的时候，首先看所要输入的汉字是否是一级简码的汉字，或者相邻的汉字是否能与其组成词组，是则按相应的方法输入。

2）对步骤1，如果不是，则看该字是否是25个键名之一。

3）对步骤2，如果不是，则看是否是成字字根。

4）把该字拆成若干个字根，再按四个以上的字根和不到四个字根的两种情况分别处理。

2. 注意事项

1）一定要确定在字根总图上没有所要输入的汉字才开始着手拆字。

例如："虫"是成字字根其输入码是JHNY，而不应拆成"口，丨，一，、"的组合；"雨"也是成字字根其输入码是FGHY，而不应拆成GMHI。

2）笔画顺序：拆字所循的笔画顺序有几种特殊情况需留意：

凡是有外口的字，如："园"字，拆成口、二、儿三个字根，即首笔是方框而不是下框；"乘"字应是TUX。凡是如"栈"和"戊"这样的字，最后一笔是撇而不是点。

在考虑末笔字型识别码的末笔时，凡是有类似"建、迦、这"这些包含"辶"的字，规定末笔为除去"辶"后，剩下部分的最后一笔为末笔。如"建"字的末笔为"丨"；凡是有类似"力、九、刀"样的字，末笔是折笔。例如："仇"的输入码是WVN。

3）字根外形：所拆出来的字根与字根总图上的字根要求形状相似，而不要求一模一样。即相似原则。如："余"、"你"、"长"、"报"的拆分。

4）拆不出所要输入的汉字时怎么办：对照字根表多试几种拆法，多换几种笔画顺序，还可以用Z键代替有疑问的码（最有效）。

5）如何提高速度：除了要有熟练的指法外，主要靠练习，利用词组输入、一级简码和二级简码的输入来提高速度；有时候三级简码对避免花时间想末笔字型识别码也有好处。

为了帮助记忆，将五笔字型的取码规则总结成一首口诀，请熟记并体会其中的含义。

五笔字型均直观，依照笔顺把码编；
键名汉字打四下，基本字根请照搬；
一二三末取四码，顺序拆分大优先；
不足四码要注意，交叉识别补后边。

任务二：课堂练习

五笔字型难拆的字、容易拆错的字及部分特殊字

一画

乙（NNLL ）

二画

丁（SGH ） 七（AGN ） 九（VTN ） 匕（XTN ） 刁（NGD ）
了（BNH ） 乃（ETN ） 乜（NNV ）

三画

三（DGGG ） 干（FGGH ） 亍（FHK ） 于（GFK ） 亏（FNV ）
才（FTE ） 下（GHI ） 丈（DYI ） 与（GNGD ） 万（DNV ）
上（HHGG ） 千（TFK ） 乞（TNB ） 川（KTHH ） 么（TCU ）

久〔QYI〕	丸〔VYI〕	及〔EYI〕	亡〔YNV〕	丫〔UHK〕
义〔YQI〕	之〔PPPP〕	已〔NNNN〕	己〔NNGN〕	巳〔NNGN〕
卫〔BGD〕	孑〔BNHG〕	孓〔BYI〕	也〔BNHN〕	飞〔NUI〕
习〔NUD〕	乡〔XTE〕			

四画

丰〔DHK〕	井〔FJK〕	开〔GAK〕	亓〔FJJ〕	夫〔FWI〕
天〔GDI〕	元〔FQB〕	无〔FQV〕	云〔FCU〕	专〔FNYI〕
丐〔GHNV〕	廿〔AGHG〕	五〔GGHG〕	支〔FCU〕	卅〔GKK〕
不〔GII〕	牙〔AHTE〕	屯〔GBNV〕	互〔GXGD〕	中〔KHK〕
内〔MWI〕	午〔TFJ〕	壬〔TFD〕	升〔TAK〕	夭〔TDI〕
长〔TAYI〕	反〔RCI〕	爻〔QQU〕	乏〔TPI〕	氏〔QAV〕
丹〔MYD〕	乌〔QNGD〕	卞〔YHU〕	为〔YLYI〕	尹〔VTE〕
尺〔NYI〕	丑〔NFD〕	巴〔CNHN〕	以〔NYWY〕	予〔CBJ〕
书〔NNHY〕	贝〔MHNY〕			

五画

末〔GSI〕	未〔FII〕	击〔FMK〕	戋〔GAI〕	正〔GHD〕
甘〔AFD〕	世〔ANV〕	本〔SGD〕	术〔SYI〕	可〔SKD〕
丙〔GMWI〕	左〔DAF〕	丕〔GIGF〕	右〔DKF〕	布〔DMHJ〕
戊〔DNYT〕	平〔GUHK〕	东〔AII〕	卡〔HHU〕	北〔UX〕
凸〔HGMG〕	归〔JVG〕	且〔EGD〕	申〔JHK〕	甲〔LHNH〕
由〔MHNG〕	史〔KQI〕	央〔MDI〕	册〔MMGD〕	冉〔MFD〕
凹〔MMGD〕	生〔TGD〕	失〔RWI〕	乍〔THFD〕	丘〔RGD〕
斥〔RYI〕	卮〔RGBV〕	乎〔TUHK〕	丛〔WWGF〕	用〔ETNH〕
甩〔ENV〕	氐〔QAYI〕	乐〔QII〕	匆〔QRYI〕	包〔QNV〕
玄〔YXU〕	兰〔UFF〕	半〔UFK〕	头〔UDI〕	必〔NTE〕
司〔NGKD〕	民〔NAV〕	弗〔XJK〕	疋〔NHI〕	出〔BMK〕
丝〔XXGF〕				

六画

戎〔ADE〕	考〔FTGN〕	老〔FTXB〕	亚〔GOGD〕	亘〔GJGF〕
吏〔GKQI〕	再〔GMFD〕	戌〔DGNT〕	在〔DHFD〕	百〔DJF〕
而〔DMJJ〕	戍〔DYNT〕	死〔GQXB〕	成〔DNNT〕	夹〔GUWI〕
夷〔GXWI〕	尧〔ATGQ〕	至〔GCFF〕	乩〔HKNN〕	师〔JGMH〕
曳〔JXE〕	曲〔MAD〕	网〔MQQ〕	肉〔MWW〕	年〔RHFK〕
朱〔RII〕	丢〔TFCU〕	乔〔TDJJ〕	乒〔RGTR〕	乓〔RGYU〕
向〔TMKD〕	囟〔TLQI〕	后〔RGKD〕	兆〔IQV〕	舛〔QAHH〕
产〔UTE〕	关〔UDU〕	州〔YTYH〕	兴〔IWU〕	农〔PEI〕
尽〔NYUU〕	丞〔BIGF〕	买〔NUDU〕		

七画

戒〔AAK 〕 严〔GODR〕 巫〔AWWI〕 求〔FIYI〕 甫〔GEHY〕
更〔GJQI 〕 束〔GKII 〕 两〔GMWW〕 丽〔GMYY〕 来〔GOI 〕
芈〔GJGH 〕 串〔KKHK〕 邑〔KCB 〕 我〔TRNT 〕 囱〔TLQI〕
希〔QDMH〕 坐〔WWFF〕 龟〔QJNB 〕 卵〔QYTY 〕 岛〔QYNM〕
兑〔UKQB 〕 弟〔UXHT〕 君〔VTKD〕

八画

奉〔DWFH〕 武〔GAHD〕 表〔GEU 〕 者〔FTJF 〕 其〔ADWU〕
直〔FHF 〕 丧〔FUEU 〕 或〔AKGD〕 事〔GKVH〕 枣〔GMIU〕
卖〔FNUD〕 非〔DJDD〕 些〔HXFF〕 果〔JSI 〕 畅〔JHNR〕
垂〔TGAF〕 乖〔TFUX〕 秉〔TGVI 〕 臾〔VWI 〕 卑〔RTFJ 〕
阜〔WNNF〕 乳〔EBNN〕 周〔MFKD〕 枭〔QYNS〕 氓〔YNNA〕
卷〔UDBB〕 单〔UJFJ〕 肃〔VIJK 〕 隶〔VII 〕 承〔BDII〕
亟〔BKCG〕

九画

奏〔DWG 〕 哉〔FAKD〕 甚〔ADWN〕 巷〔AWNB〕 柬〔GLII 〕
咸〔DGKT〕 威〔DGV 〕 歪〔GIGH〕 面〔DMJD〕 韭〔DJDG〕
临〔JTYJ 〕 禺〔JMHY〕 幽〔XXMK〕 拜〔RDFH〕 重〔TGJF〕
禹〔TKMY〕 俎〔WWEG〕 胤〔TXEN〕 养〔UDYJ〕 叛〔UDRC〕
首〔UTHF〕 举〔IWFH〕 昼〔NYJG〕 咫〔NYKW〕 癸〔WGDU〕

十画

艳〔DHQC〕 袁〔FKEU〕 哥〔SKSK〕 鬲〔GKMH〕 孬〔GIVB〕
乘〔TUXV〕 鬯〔QOBX〕 玺〔QIGY〕 高〔YMKF〕 离〔YBMC〕
弱〔XUXU〕 哿〔LKSK〕 能〔CEXX〕

十一画

焉〔GHGO〕 黄〔AMWU〕 乾〔FJTN〕 啬〔FULK〕 戚〔DHIT〕
匏〔DFNN〕 爽〔DQQQ〕 匙〔JGHX〕 象〔QJEU〕 够〔QKQQ〕
馗〔VUTH〕 孰〔YBVY〕 兽〔ULGK〕 艴〔XJQC〕 胬〔VCM 〕

十二画

棘〔GMII 〕 凿〔OGUI 〕 辉〔IGQL 〕 鼎〔HNDN〕 甥〔TGLL 〕
黍〔TWIU〕 粤〔TLON〕 舒〔WFKB〕 就〔YIDN〕 喾〔IPTK 〕
巯〔CAYQ〕 彘〔XGXX〕 越〔FHA 〕

十三画

鼓〔FKUC〕 赖〔GKIM〕 嗣〔KMAK〕 叠〔CCCG〕

十四画

嘉〔FKUK〕 截〔FAWY〕 赫〔FOFO〕 聚〔BCTI 〕 斡〔FJWF〕

兢〔DQDQ 〕　碬〔DNHC〕　臧〔DNDT〕　夥〔JSQQ 〕　舞〔RLGH 〕
毓〔TXGQ 〕　睾〔TLFF 〕　鼐〔EHNN〕　疑〔XTDH 〕　孵〔QYTB 〕
暨〔VCAG 〕

十五画

虢〔EFHM 〕　颐〔AHKM〕　靠〔TFKD〕　勰〔LLLN 〕　豫〔CBQE 〕
噩〔GKKK 〕　整〔GKIH 〕　臻〔GCFT〕　冀〔UXLW 〕

十七画

戴〔FALW 〕　豳〔EEMK〕　黻〔OGUC〕　黏〔TWIK 〕　爵〔ELVF 〕
赢〔YNKY 〕　馘〔UTHG〕　隳〔BDAN〕　赢〔YNKY 〕

十八画

馥〔TJTT 〕　輾〔UJFE 〕

十九画

黼〔OGUY 〕　髮〔IQFC 〕　羸〔YNKY〕　蠃〔YNKY 〕　疆〔XFGG 〕
锤〔QTGF 〕　舞〔RLGH〕　浅〔IGT〕

任务三：课后作业

写出下列汉字的五笔输入代码，并上机验证。

戈	弋	阝	卩	凵	臼	盛	勤	武	贰
竹	羽	绕	户	彦	般	翘	废	舆	凹
凸	戈	弋	戊	夕	丫	兆	兜	鹿	嗤
尴	尬	粤	养	羊	鼠				

项目三十三　常用五笔字型输入法

项目描述

介绍常用的五笔字型输入法。

项目实施要求

本项目通过介绍 98 版五笔字型输入法，能够顺利地由 86 版五笔字型输入法过渡到 98 版五笔字型输入法。本项目还介绍了目前常用的五笔字型输入法，通过选择合适的输入法，提高打字速度。

项目任务单

1	介绍 98 版五笔字型输入法
2	介绍常用的五笔字型输入法
3	介绍常用的五笔字型练习软件
4	五笔字型打字练习
5	课后作业

任务一：介绍 98 版五笔字型输入法

知识点：

五笔字型输入法自问世以来，经历了不断的更新和发展，目前王码五笔字型最常用的版本是 86 版和 98 版。98 版是在 86 版基础上改进的一种输入法。

1. 98 版与 86 版五笔字型输入法的区别

与 86 版五笔字型输入法相比，98 版五笔字型输入法具有更强大的功能。

1）既能批量造词，还能取字造词。

2）提供内码转换器，能在不同的中文操作平台之间进行转换。

3）支持重码动态调试。

4）能够编辑码表，既能创建容错码，又能对五笔字型编码进行编辑和修改。

98 版五笔字型输入法的拆分原则与 86 版大体相同，但也存在一些区别，主要区别见表 33-1。

表 33-1 98 版五笔字型与 86 版五笔字型的主要区别

	98 版五笔字型	86 版五笔字型
基本单位的称谓	码元	字根
基本单位的数量	130	245
处理汉字的数量	国标简码字 6763 个	国标简码字 6763 个，我国港、澳、台地区的 13053 个汉字

2. 98 版五笔字型输入法的码元分布

98 版五笔字型输入法也是将一个汉字拆分成几个字根，再按字根在键盘上的分布一次按键，并且它的区号、位号等与 86 版五笔字型输入法相同，只是在字根分布上有一些差异。98 版五笔字型输入法的码元分布如图 33-1 所示。

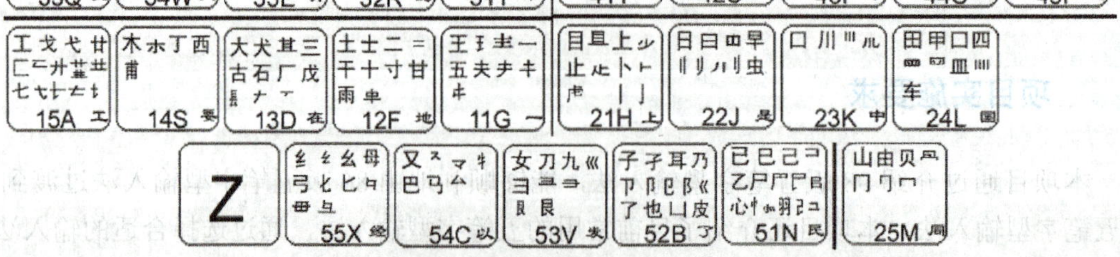

图 33-1 98 版五笔字型输入法的码元分布图

助记口诀：

王旁青头戋五一，土士二干十寸雨，大犬三羊古石厂，
木丁西在一四里，工戈草头右框七。
目止具头卜虎皮，日早两竖与虫依，口中一川三个竖，
田甲方框四车力，山由骨头贝框几。
禾竹反文双人立，白斤气头手边提，月乃用舟家衣下，
人八登祭把头取，金夕犭儿包头鱼。
言文方广在四一，立辛两点病门里，水族三点兴类小，
火里业头四点米，之字宝盖补礻衤。
已类左框心尸羽，子耳了也框上举，女刀九巛臼山倒，
又巴劲头私马依，绞丝互幺弓和匕。

任务二：介绍常用的五笔字型输入法

知识点：

以 86 版五笔字型为基础而设计的输入法很多，例如万能五笔、智能陈桥、极品五笔等输入法都有它们各自的优点，大家可以根据实际需要选择自己所需的输入法。

1. 万能五笔

集成了通用的五笔、拼音、英语、笔画、拼音＋ 笔画、英译中等多元编码，是一种学习和使用连成一体，功能强大而使用又最方便的输入软件。

2. 智能陈桥

智能陈桥内置了直接支持两万多汉字编码的五笔和新颖实用的陈桥拼音（增加了笔画输入），具有智能提示、语句输入、语句提示及简化输入、智能选词等多项非常实用的独特技术，支持繁体汉字输出、各种符号输出、大五码汉字输出，内含丰富的词库和强大的词库管理功能（后面将详细介绍）。

3. 极品五笔

极品五笔内置了直接支持两万多汉字编码的五笔和新颖实用的陈桥拼音（增加了笔画输入），具有智能提示、语句输入、语句提示及简化输入。极品五笔同时可支持我国台湾 BIG5 码汉字 Windows 系统。

任务三：介绍常用的五笔字型练习软件

知识点：

金山打字是一款非常优秀的打字练习软件，它提供了英文打字、拼音打字、五笔打字等练习，还可以测试打字速度，并且提供了打字游戏，提高打字用户的兴趣和积极性。因此，本教材就是以金山打字为例，进行五笔字型打字练习。

其他常用的练习软件还有：金山打字，打字精灵，五笔打字员等练习软件，这些软件都

很不错。读者还可以到网上下载你喜欢的打字练习软件。

任务四：五笔字型打字练习

1）打开“金山打字”练习软件，选择“五笔打字”→“文章练习”→“课程选择”→“中文文章”→“普通文章”→“单项练习”，复习保存在其中的作业。

2）打开“金山打字”练习软件，选择“单字练习”，复习“常用字”、“难拆字”的输入。

3）将上次作业的易错字以“lx2.txt”为文件名，保存在“单项练习”文件夹下，进行练习。

4）自我总结。

每次练习结束之后，返回登录窗口，打开个人管理账户，及时查看练习过程中“综合信息”、“常错键位”、“常错汉字”等相关内容。

5）将常错汉字记录下来：

常错汉字：______________________________。

任务五：课后作业

1. 思考一下，如何将五笔字型输入法设置为默认的输入法？
2. 继续进行五笔字型打字练习。

项目三十四　设置五笔字型输入法属性

项目描述

掌握输入法属性的设置方法。

项目实施要求

学会设置输入法的常用属性。

项目任务单

1	将五笔字型输入法设为默认输入法
2	设置五笔字型输入法的属性
3	手工造词
4	五笔字型打字练习
5	课后作业

任务一：将五笔字型输入法设为默认输入法

知识点：

在 Windows 中，可以将五笔字型输入法设置为默认的输入法，以后在默认状态下都自动处于五笔字型输入法状态，其具体操作步骤如图 34-1 和图 34-2 所示。

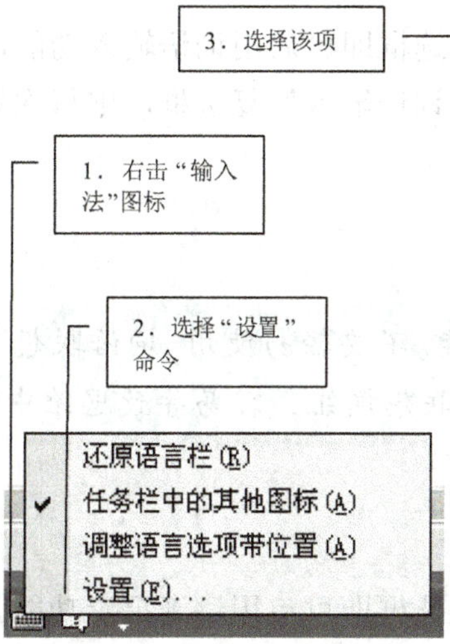

图 34-1　选择“设置”命令

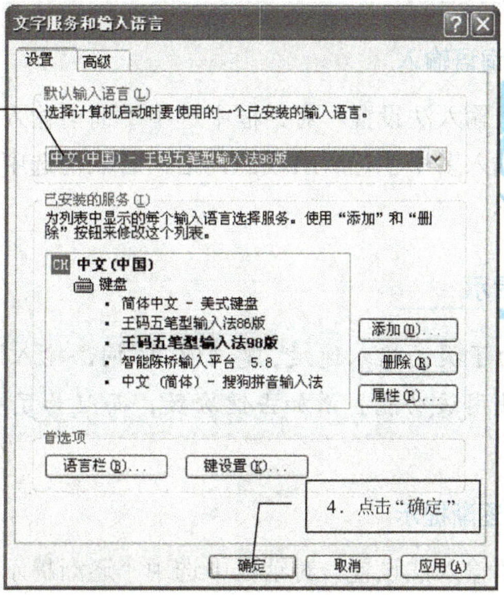

图 34-2　选择输入法

任务二：设置五笔字型输入法的属性

知识点：

在使用五笔字型输入法输入文字的过程中，还可以根据自己的喜好设置五笔字型输入法的一些属性，如设置词语联想、词语输入、逐渐提示和外码提示等。

设置五笔字型输入法属性的具体操作步骤如图 34-3 和图 34-4 所示。

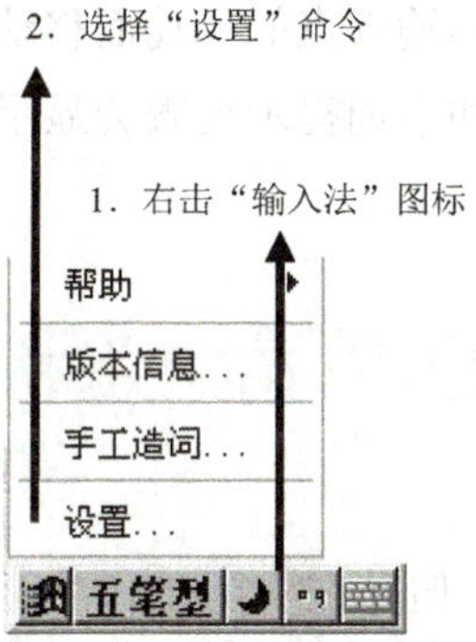

图 34-3　选择“设置”命令

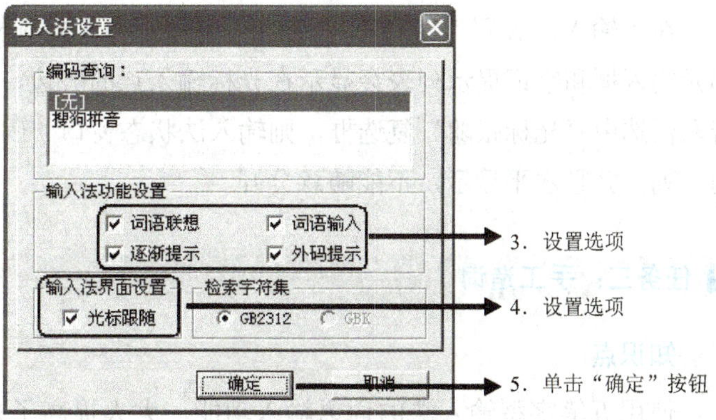

图 34-4　设置属性

1. 词语联想

词语联想功能建立在词库中词组的基础上。在“输入法设置”对话框中选中“词语联想”复选框即可启用词语联想功能，当输入某个字或词组时，在字词列表提示框中显示以该字或词组开头的相关词组；若取消选中的“词语联想”复选框，输入某个汉字后，将不会出现字词列表提示框。

2. 词语输入

在“输入法设置”对话框中选中“词语输入”复选框即可启用词语输入功能，此时可以连续输入多个字符所组成的词语；若取消选中的“词语输入”复选框，则每次只能输入一个汉字。

小提示

为了提高输入速度，建议使用“词语输入”功能。不要轻易使用“词语联想”功能，因为使用该功能会增加击键次数，而且为了查看联想词组，容易导致思维中断。

3. 逐渐提示

在“输入法设置”对话框中选中“逐渐提示”复选框即可启用逐渐提示功能。输入时字词列表框中将显示所有以该编码开始的汉字和词组，用户无需输入全部的编码就可以输入字词；若取消选中“逐渐提示”复选框，则只显示输入汉字的编码。

4. 外码提示

在“输入法设置”对话框中选中“外码提示”复选框即可启用外码提示功能。输入时字词列表框中将显示所有以该编码相关的字词的其余编码；若取消选中“外码提示”复选框，在字词列表框中将不显示与编码相关的字词的其余编码。

5. 光标跟随

在“输入法设置”对话框中选中“光标跟随”复选框即可启用光标跟随功能。此时，码元输入框和字词提示列表会显示在光标输入点的旁边，并随着光标输入点的移动而移动；若取消选中“光标跟随”复选框，则输入法状态窗口、码元输入框和字词提示列表会显示在同一列，并且水平显示，不能随意分开。

任务三：手工造词

知识点：

使用五笔字型输入法的词语输入功能，大大提高了打字速度，但是在实际工作中，经常需要输入五笔词库中找不到的重复的一大串字符或复杂难记的汉字，这时就可以使用五笔字型输入法提供的手工造词功能来解决这一问题。

1. 添加新词语

随着新词的不断出现，五笔字型词库无法满足用户的要求，用户可以自行添加新词语，其具体操作步骤如图34-5和图34-6所示。

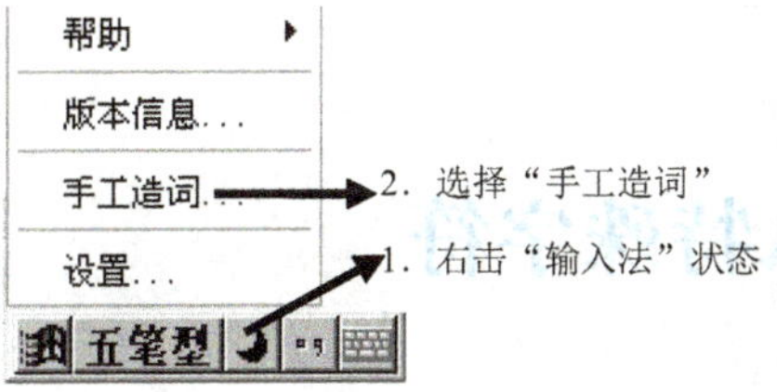

图34-5 选择“手工造词”

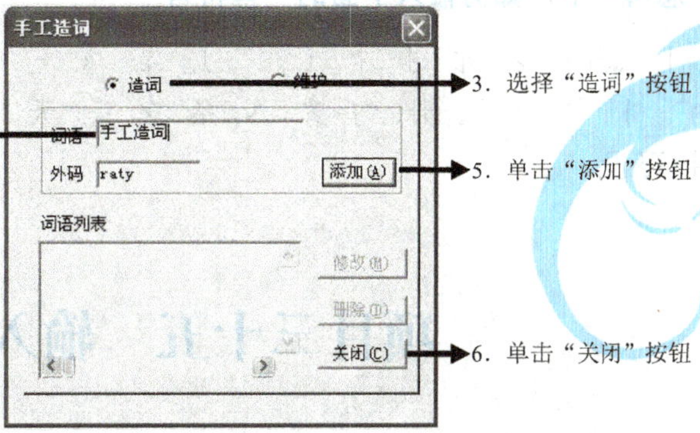

图34-6 添加“手工造词”功能

2. 修改词语、删除词语

使用手工造词功能不仅可以添加新的词语，还可以对添加的词语进行修改和删除。请大家参照“添加词语”的方法，进行修改和删除词语。

小提示

注意：组词的字符必须都是全角字符。一个组词组最多不能超过20个汉字或全角字符，在定义含阿拉伯数字的字符串时，要把阿拉伯数字改成汉字形式或用全角符号表示。如果是汉字串，系统会根据五笔字型输入法的编码规则自动出现四个英文字母外码，如果用户觉得不易记忆可以修改。

任务四：五笔字型打字练习

1）打开“金山打字”练习软件，选择“五笔打字”→“文章练习”→“课程选择”→“中文文章”→“普通文章”→“单项练习”，复习保存在其中的作业。

2）打开“金山打字”练习软件，选择“单字练习”，复习“常用字”、“难拆字”的输入。

3）将上次作业的易错字以“lx2.txt”为文件名，保存在“单项练习”文件夹下，进行练习。注意校正作业中的错误。

4）自我总结。

每次练习结束之后，返回登录窗口，打开个人管理账户，及时查看练习过程中“综合信息”、“常错键位”、“常错汉字”等相关内容。

5）将常错汉字记录下来：

常错汉字：______________________________。

任务五：课后作业

思考一下，如何输入下面的一些符号

丨 灬 亠 犭 饣 扌 礻 讠 冖 辶 钅 衤 廴 亻 纟 刂 氵 丿 夂 彳 卩 阝 凵 忄 冫 疒 丬 宀 卄 匚 廾 勹 豸 厶 糸 幺 乇 夭 壬 乍 彡 豕 奚 亘 丌 虍 呙 弁 巛 彐 屮 疋 殳

项目三十五　输入特殊字符

项目描述

在五笔字型输入状态下输入特殊字符。

项目实施要求

掌握特殊字符的输入方法。

项目任务单

1	输入偏旁部首
2	用不同的五笔字型输入法输入特殊符号
3	用软键盘输入特殊字符
4	五笔字型打字练习
5	课后作业

任务一：输入偏旁部首

知识点：

1. 直接用五笔输入法输入

在五笔输入法中，偏旁部首的输入方法与成字字根的输入方法相同，即：报户口＋首笔画代码＋次笔画代码＋末笔画代码不足4键，加补空格。

2. 其他一些偏旁部首的输入

丨：hhl	灬：oyyy	亠：yyg	犭：qte	饣：qnb
扌：rgh	礻：pyi	讠：yyn	冖：pyn	辶：pyny
钅：qtgn	衤：pui	廴：pny	亻：wth	纟：xxx
刂：jhh	氵：iyyg	丿：ttl	夂：ttn	彳：ttth
卩：bnh	阝：bnh	凵：bnh	忄：nyhy	冫：uyg
疒：uygg	丬：uygh	宀：pyy	艹：aghh	匚：agn
廾：agt	勹：qtn	豸：eer	厶：cny	糸：xiu
幺：xnny	乇：tav	夭：tdi	壬：tfd	乍：thf
彡：ett	豕：egt	奚：exd	亘：gjg	丌：gjk
虍：hav	呙：kmwu	弁：caj	巛：vnnn	彐：vng
屮：bhk	疋：nhi	殳：mcu	丶：yyl	

任务二：用不同的五笔字型输入法输入特殊符号

知识点：

1. 万能五笔

（1）菜单选择

在万能五笔提示条右键菜单中选择“输入特殊符号”，可以看到特殊符号类型列表，选择要输入的特殊符号类型后，在万能五笔提示条中就会显示出该类型中的特殊符号列表，用数字键选择要输入的符号即可，用“[”和“]”键可以前后翻页查找类别中的其他特殊符号。

小提示

你还可以直接用快捷键打开某类特殊符号，在菜单中的特殊符号类型后面提示有相应热键，例如要快速输入数字序号，按下 Ctrl+2 组合键即可。

（2）自定义编码输入

万能五笔提供了特殊符号自定义编码功能，利用其自造词功能即可完成，例如想用“tsdh”来输入“√”符号，则可以先利用前面介绍的方法输入“√”，然后选中该符号，在万能五笔提示条中单击“词”按钮，并输入定义的符号编码“tsdh”即可，这里建议取消“简拼”和“全拼”编码选项，以避免重码。

2. 智能五笔

（1）特殊符号输入

智能五笔首创了分号“；”输入特殊符号的编码方式，使得特殊符号输入不仅方便，而且不会与汉字输入编码重码。例如想输入“√”符号，只需要键入“;dh”即可看到提示条中的显示，按下空格键即可上屏。

如果对智能五笔默认的特殊符号编码不太习惯，也可自行修改这些编码，方法是在提示条右键菜单中选择“辅助功能→定义字词符号→自定义符号”项，打开自定义符号管理对话框，其中每行定义一个符号的编码，根据需要修改左边的符号编码即可，当然，也可以新增符号编码，编码（不包含分号）和符号之间用空格隔开即可，要注意编码为一码或二码，不能是三码或四码。

（2）疑难字的输入

对于五笔输入法来说，像“凹凸”之类的字是很难记住编码的，虽然智能五笔可以使用 Ctrl 键切换到拼音状态进行辅助输入，但还是比较麻烦。为此，智能五笔还提供了一种简便输入这些疑难字的方法，就是连按四下“Z”键，这时在提示条中会显示出疑难字列表，例如按下数字“2”即可输入“凹”字。

小提示

你在智能五笔提示条右键菜单中选择“辅助功能→定义字词符号→疑难字表”项，可以对疑难字表进行自定义，把自己常用的难拆的字用拼音输入进去即可。

（3）大写金额输入

在智能五笔中输入大写金额的编码规则为“分号键+引号键+数字键+小数点+数字键”。例如，当你要输入“壹万贰仟叁佰肆拾伍元陆角柒分”时，可以先按一下分号键，再按一下引号键（分号键右边的键），键入数字“12345.67”，然后按一下空格键即可。

3. 五笔加加

五笔加加默认对一些常用的特殊符号进行编码，其编码规则是该符号中文名称对应的五笔编码。例如要输入“√”符号，只需要输入其中文名称“对勾”的五笔编码“cfqc”，即可在提示条上看到提示，由于有重码，按下数字“2”即可输入。具体编码与特殊符号对应列表可以打开 C:\Program Files\WBJJ 目录中的“wbjj_biaod.htm”文件进行查看。

此外，对于一些像“ⅠⅡⅢⅣ”、“①②③④⑤”之类的系列符号，五笔加加则规定了另外的简便输入规则，首先按“Z”键，进入系列符号输入状态，然后输入系列符号中文名称对应的五笔编码，即可从提示条中进行选择输入。例如要输入“Ⅲ”，就可以先输入“Z”，再输入“大写罗马”的五笔编码“dplc”，然后按数字“3”选择即可。系列符号的编码对应关系也可以打开“wbjj_biaod.htm”文件进行查看。

小提示

单击五笔加加提示条，选择“管理工具”→“自定义编码工具”，单击“编辑单个符号表”按钮或“编辑成组符号表”按钮，可对特殊符号及其编码进行增删、修改操作。

任务三：用软键盘输入特殊字符

知识点：

另外还有一些特殊符号，可以在输入法上的软键盘上点右键打开，如图 35-1 所示。选择需要输入的符号类别，进行输入。

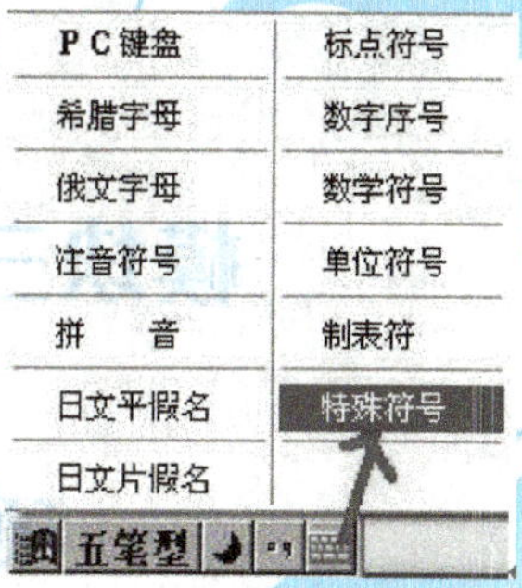

图 35-1　输入特殊符号

任务四：五笔字型打字练习

1）打开“金山打字”练习软件，选择“五笔打字”→“文章练习”→“课程选择”→“中文文章”→“普通文章”→“单项练习”，复习保存在其中的作业。

2）打开“金山打字”练习软件，选择“单字练习”，复习“常用字”、“难拆字”的输入。

3）自我总结。

每次练习结束之后，返回登录窗口，打开个人管理账户，及时查看练习过程中的“综合信息”、“常错键位”、“常错汉字”等相关内容。

4）将常错汉字记录下来：

常错汉字____。

任务五：课后作业

1）继续进行五笔打字训练。

2）要求：能准确地用五笔输入每一个汉字。

模块三 录入综合训练（50课时）

项目三十六 时政稿输入练习

项目描述

练习五笔字型打字。

项目实施要求

练习五笔字型打字，要求每分钟达到10～20个正确的汉字。

项目任务单

1	技能学习
2	五笔字型打字练习
3	课后作业

任务一：技能学习

技能要点：

五笔字型打字的大部分内容已经讲解结束，接下来要进行大量的练习，以提高速度。大家还记得汉字录入的姿势吗？

正确录入的姿势：

1）身体应坐直，应在键盘的正方稍偏右，座椅应调整到适当的高度。

2）两臂自然下垂，两肘轻贴腋边，手指轻放于键盘上，手腕平直、放松。

3）显示器应放在键盘正前方，习惯于原稿放在键盘左侧，以便阅读。

录入的要领：

1）坚持眼看原稿，十指分工。

2）手指触键，击键要短促有力。

3）精神高度集中，宁慢勿错。

汉字录入的速度、准确率与录入指法的正确与否有着非常密切的关系。以后，在进行连续文本录入训练过程中，我们都要利用5～10分钟进行指法练习，以达到“热身”的目的。

任务二：五笔字型打字练习

知识点：

输入汉字时，如果将连贯的汉字以词组的方式进行输入，可以提高汉字输入速度。所以，大家尽量应用词组输入。

1）请将下载的练习素材中的“综合练习”，导入到目录：“C:\Program Files\Kingsoft\TypeE-asy2006\Data\Chinese\T_Article”下。

2）打开“金山打字”练习软件，选择“五笔打字”→“文章练习”→“课程选择”→“中文文章”→“普通文章”→“综合练习”→“深化改革行政管理体制”。

3）自我总结。

练习结束之后，返回登录窗口，打开个人管理账户，及时查看练习过程中“综合信息”、“常错键位”、“常错汉字”等相关内容。

常错汉字____。

将这些汉字的编码有意识地加强记忆，就能提高正确率了。

4）过程评价：

将这篇文章反复练习，比较每次的速度，看看是否有了提高，有没有达到今天练习的要求，每分钟 10 ～ 20 字。

速度（字 /min）	录入汉字总数 / 个	错误字数 / 个	正确率（%）

任务三：课后作业

1）继续进行五笔打字练习。

2）要求：速度为 10 ～ 20 字 /min。

项目三十七　法律稿输入练习

项目描述

练习五笔字型打字。

项目实施要求

练习五笔字型打字，对于熟稿要求每分钟达到 10 ～ 20 个正确的汉字。

项目任务单

1	技能学习
2	五笔字型打字练习
3	课后作业

任务一：技能学习

技能要点：

1. 听打字高手介绍，如何提高打字速度？

（1）准确是第一前提。

（2）提高击键的频率。要训练眼、脑、手之间信号传递的速度，它们之间的时间差越小越好，眼睛看到了一个字母马上传给大脑然后到手，这时眼睛仍要不停顿地向后面的字飞快扫描。

（3）在打字过程中要专心，也要有紧迫感，既要稳重，也要有竞争意识。训练紧迫感的一个好方法是同学之间经常进行打字竞赛。

（4）利用更好的输入软件，好的输入法软件有两个要点：智能化、人性化。

（5）每天按摩按摩手指，多做一些手指上的活动，没事的时候用力握握拳，经常这样做有利于手上的血液流通，会增加手指的灵活性。

此外，多练一些不太常用的字。因为碰上不常用的字经常要考虑，这样会很耽误时间的。

2. 打开“金山打字”，各人根据自己的情况，选择不同的英文打字课程，注意坐姿和指法。

任务二：五笔字型打字练习

1）打开“金山打字”，请继续练习“深化改革行政管理体制”，大约半小时。

2）今天练习“综合练习”下的“撞死白撞吗”。

3）自我总结。

练习结束之后，返回登录窗口，打开个人管理账户，及时查看练习过程中“综合信息”、“常错键位”、“常错汉字”等相关内容。

常错汉字____________________________________。

4）过程评价：

可以发现当换成新的练习稿时，速度下降了不少。生稿速度比熟稿慢，所以对一篇文章需多练习，记住大部分字的编码后，速度就快了。

速度（字 /min）	录入汉字总数 / 个	错误字数 / 个	正确率（%）

小提示

练习打字的时候，对同一篇文章，要多练习几遍，最好能记住文章中大部分代码，这样不仅这一篇文章的输入速度快了，而且，当你已记住代码的文字出现在新的文章中时，输入速度就会很快。

任务三：课后作业

1）继续进行五笔打字练习。

2）要求：每分钟 10 ～ 20 字。

项目三十八 财经稿输入练习

项目描述

练习五笔字型打字。

项目实施要求

练习五笔字型打字，要求每分钟达到 20 ～ 30 个正确的汉字。

项目任务单

1	技能学习
2	五笔字型打字练习
3	课后作业

任务一：技能学习

技能要点：

听打字高手介绍，如何提高打字速度？

（1）选择五笔输入法原因：选效率更高的输入方式是可以节省更多时间的，另外学习五笔可以记得字形，不会有提笔忘字的感觉。

（2）指法还是指法，熟悉键盘。学打字一定要严格要求自己的指法，一定要把手指按照分工放在正确的键位上。

（3）盲打，速度的不二法门。有意识慢慢地记忆键盘各个字符的位置，逐步养成不看键盘的输入习惯，学会盲打。

（4）尽量使用词组输入。

（5）利用反查功能。如果五笔不是特别熟悉，很多情况下遇到一些字拆不出来，这时可以利用编码反查。

（6）保存好自己的自定义词库。可以把自己经常打的句子或特定的词放在自定义词语设置中。

（7）中英文切换尽量不要用鼠标，除了使用“Ctrl+ 空格”进行中文输入法与英文输入法切换之外，还有 Shift 键可以临时切换。

（8）记住一些特别标点符号的输入。

（9）半角与全角转换的快捷键。

用一个等式来说就是：打字高手＝正确的指法＋键盘记忆＋集中精力＋准确输入。

任务二：五笔字型打字练习

知识点：

1）请继续练习“撞死白撞吗”，大约半小时。

2）练习“综合练习”下的“通胀或不可避免”。

3）自我总结。

练习结束之后，返回登录窗口，打开个人管理账户，及时查看练习过程中“综合信息”、“常错键位”、“常错汉字”等相关内容。

常错汉字____。

将这些汉字的编码有意识地加强记忆，就能提高正确率了。

4）过程评价：

将这篇文章反复练习，比较每次的速度，看看是否有了提高，有没有达到今天练习的要求，每分钟 20 ～ 30 字。

速度（字 /min）	录入汉字总数 / 个	错误字数 / 个	正确率（%）

任务三：课后作业

1）继续进行五笔字型打字练习。

2）要求：速度为 20 ～ 30 字 /min。

项目三十九　农业稿输入练习

项目描述

熟练掌握五笔字型的输入方法，提高录入速度。

项目实施要求

练习五笔字型打字，要求每分钟达到 20 ～ 30 个正确的汉字。

项目任务单

1	技能学习
2	五笔字型打字练习
3	课后作业

任务一：技能学习

技能要点：

我们练到现在大家可能发现速度没有以前提高得快了，总是停留在一个速度上不去，这就是进入了“瓶颈”期。

首先，“瓶颈”现象，是学习过程中的一种正常现象，不要泄气继续练习，速度又会提高上去的。

其次，你仔细分析一下速度慢的原因所在。很多人喜欢用退格键，只要发现了错误，马上用退格键修改，看起来正确率是100%，但是换来的是速度的严重下降。因此，我们在练习过程中，不要急于修改、掩盖错误，而是要发现错误，注意改正错误，并且在下一次的输入中减少错误，尽量做到一次性地准确输入。

任务二：五笔字型打字练习

1）请继续练习“通胀或不可避免”半小时。

2）练习“综合练习”下的“农药浸种”。

3）自我总结。

练习结束之后，返回登录窗口，打开个人管理账户，及时查看练习过程中“综合信息”、“常错键位”、“常错汉字”等相关内容。

常错汉字____。

将这些汉字的编码有意识地加强记忆，就能提高正确率了。

4）过程评价：

将这篇文章反复练习，比较每次的速度，看看是否有了提高，有没有达到今天练习的要求，每分钟20～30字。

速度（字/min）	录入汉字总数（个）	错误字数（个）	正确率（%）

任务三：课后作业

1）继续进行五笔字型打字练习。

2）要求：速度为20～30字/min。

项目四十 五笔字型打字综合测试（一）

项目描述

练习五笔字型打字。

项目实施要求

练习五笔字型打字，将这段时间的文章进行反复练习，然后全班进行打字速度测试。

项目任务单

1	指法练习
2	五笔字型打字练习
3	课后作业

任务一：指法练习

打开“金山打字”，各人根据自己的情况，选择不同的英文打字课程，注意坐姿和指法。

任务二：五笔字型打字练习

1）将这段时间给出的文章进行反复练习，挑自己打得最快的文章进行测试，看自己对熟稿的最快速度可达到多少。

2）评出本班打字高手。

3）过程评价：

速度 /（字 /min）	录入汉字总数 / 个	错误字数 / 个	正确率（%）

4）将常错汉字记录下来：

常错汉字＿＿＿＿＿＿＿＿＿＿＿＿＿＿＿＿＿＿＿＿＿＿＿。

正确编码＿＿＿＿＿＿＿＿＿＿＿＿＿＿＿＿＿＿＿＿＿＿＿。

将这些汉字的编码有意识地加强记忆，就能提高正确率了。

任务三：课后作业

1）继续进行五笔字型打字练习。

2）要求：速度为 20 ～ 30 字 /min。

项目四十一　文章输入练习（散文）

项目描述

熟练掌握五笔字型的输入方法，提高录入速度。

项目实施要求

练习五笔字型打字，要求每分钟达到 30 ～ 40 个正确的汉字。

项目任务单

1	基础知识学习
2	五笔字型打字练习
3	课后作业

任务一：基础知识学习

拓展知识点：英文字符与 ASCII 码

在计算机中，处理文字和符号时，要对文字和符号进行数字化处理，也就是用二进制编码来表示文字和符号。字符编码就是规定用怎样的二进制编码来表示文字和符号。由于字符编码是一个涉及世界范围内有关信息的表示、交换、处理、存储的基本问题，因此都是以国家标准或国际标准的形式颁布施行的。

在计算机系统中使用得最广泛的是美国信息交换标准码（American Standard Code for Information Interchange），缩写为 ASCII。ASCII 虽然是美国国家标准，但它已被国际标准化组织（ISO）认定为国际标准，并在世界范围内通用。

ASCII 码有 7 位版本和 8 位版本两种。国际上通用的是 7 位版本，即用 7 位二进制数来表示英文字母、字符。7 位版本的 ASCII 码有 128 个元素，其中通用控制字符 33 个，阿拉伯数字 10 个，大、小写英文字母 52 个，各种标点符号和运算符号 33 个。具体字符编码见表 41-1。

表 41-1 ASCII 码表

L \ H	0000	0001	0010	0011	0100	0101	0110	0111
0000	NUL	DLE	SP	0	@	P	‘	p
0001	SOH	DC1	!	1	A	Q	a	q
0010	STX	DC2	“	2	B	R	b	r
0011	ETX	DC3	#	3	C	S	c	s
0100	EOT	DC4	$	4	D	T	d	t
0101	ENQ	NAK	%	5	E	U	e	u
0110	ACK	SYN	&	6	F	V	f	v
0111	BEL	ETB	,	7	G	W	g	w
1000	BS	CAN	)	8	H	X	h	x
1001	HT	EM	(	9	I	Y	i	y
1010	LF	SUB	*	:	J	Z	j	z
1011	VT	ESC	+	;	K	[	k	{
1100	FF	FS	,	<	L	\	l	|
1101	CR	GS	-	=	M	]	m	}
1110	SO	RS	.	>	N	^	n	~
1111	SI	US	/	?	O	_	o	DEL

在微型计算机中采用 7 位 ASCII 码时，每个字节只占用了 7 位，最高位恒为 0。至于 8 位版本的 ASCII 码，用 8 位二进制表示，最高位为 0 时称为基本 ASCII 码，当最高位为 1 时，形成扩充的 ASCII 码，它表示数的范围为 128 ～ 255，可表示 128 种字符。通常各个国家都把扩充的 ASCII 码作为自己国家语言文字的代码。

任务二：五笔字型打字练习

1）练习“综合练习”下的“小鸟”。

2）自我总结。

练习结束之后，返回登录窗口，打开个人管理账户，及时查看练习过程中“综合信息”、“常错键位”、“常错汉字”等相关内容。

常错汉字____。

将这些汉字的编码有意识地加强记忆，就能提高正确率了。

今天的速度______________________，是否达到今天的要求每分钟 30 ～ 40 字呢？

任务三：课后作业

1）继续进行五笔字型打字练习。

2）要求：速度为 30 ～ 40 字 /min。

项目四十二　文章输入练习（小说）

项目描述

熟练掌握五笔字型的输入方法，提高录入速度。

项目实施要求

练习五笔字型打字，要求每分钟达到 30 ～ 40 个正确的汉字。

项目任务单

1	基础知识学习
2	五笔字型打字练习
3	课后作业

任务一：基础知识学习

拓展知识点：计算机汉字处理的流程

我国用户在使用计算机进行信息处理时，一般都要用到汉字。汉字有以下特点：汉字的文字数量很大、汉字的字形复杂、汉字有多种字体、汉字的发音呈多样化、汉字的字义复杂、汉字排序难等。汉字的以上特点给汉字的计算机处理带来了很大的困难。

汉字信息处理就是对文字信息中的汉字信息进行处理的过程。文字处理信息的实质就是把文字信息数字化，即用一个固定的数码代表一个字母或文字，这一数码就叫做“代码”。在计算机内部处理文字信息时，就可以像处理纯数字一样来进行。需要输出时，再把替代的数码还原成相应的字母或文字。也就是说，汉字信息处理就是计算机对汉字代码的数据处理。

1. 汉字输入码

输入码也叫做外部码或外码。不同的输入法对同一个汉字有不同的编码。

2. 汉字机内码

机内码也叫做内码。是一种用于存储和处理汉字的代码。输入码到机内码的转换依赖于输入码表。每一种输入码都有其各自的转换码表。

3. 国标码

国标码是1981年由国家标准局颁布的《信息交换用汉字编码字符集——基本集》的简称。代号是GB 2312-80。共收录了6763个汉字（其中一级汉字3755个，二级汉字3008个）。按该规定，汉字和字符共分为94区（1～94），每区94位（1～94）。

国标码都用两个字节表示，第一个表示区号，第二个表示位号。两个字节的最高位均为0。这就是通常所说的“区位码”。为了不和ASCII码混淆，在计算机内用作机内码时，每一个区位码的最高位都是1。

因此，在汉字处理流程的不同阶段，汉字采用不同的编码。输入时汉字转化为输入码，计算机处理汉字时采用机内码，显示汉字时转化为显示字型码，交换汉字时又采用交换码。之所以要用各种不同的编码，主要原因在于为了适应汉字在其处理的不同阶段有不同的要求。

任务二：五笔字型打字练习

1）继续练习“小鸟”半小时。

2）练习“综合练习”下的“人间正道是沧桑”。

3）自我总结。

练习结束之后，返回登录窗口，打开个人管理账户，及时查看练习过程中“综合信息”、“常错键位”、“常错汉字”等相关内容。

常错汉字____。

将这些汉字的编码有意识地加强记忆，就能提高正确率了。

今天的速度______________________________，是否达到今天的要求每分钟30～40字呢？

任务三：课后作业

1）继续进行五笔字型打字练习。

2）要求：速度为30～40字/min。

项目四十三　文章输入练习（评论）

项目描述

熟练掌握五笔字型的输入方法，提高录入速度。

项目实施要求

练习五笔字型打字，要求每分钟达到 30 ～ 40 个正确的汉字。

项目任务单

1	基础知识学习
2	五笔字型打字练习
3	课后作业

任务一：基础知识学习

拓展知识点：汉字字形码和汉字库

像铅字印刷要有各种铅字字模一样，计算机要处理汉字也需要存有汉字的字模（字形）。汉字的字形数字化后得到了汉字的字形码，并以二进制文件的形式存储在存储器上，构成了汉字字库，也称汉字字形库。如 UCDOS 5.0 包括下列汉字字库：HZKPSSTJ、KZKPSKTJ 等。汉字字库可分为软字库和硬字库。

标准字型分为点阵和曲线两种。点阵字库把每个汉字分别定在一个划分为 M 行、N 列的网格方块内，方块内的每个小方格是一个点，有笔画的方格涂成黑点，用二进制中的数字 1 代表；没有笔画的方格内部空白，用二进制中的数字 0 代表，这样一个汉字，就可以用若干个二进制数字来表示了。这个方块就叫做一个 M*N 的点阵，如果 M 等于 N，我们就简称这个点阵为 M 点阵，比如 16 点阵、24 点阵、32 点阵等。点阵数越大，所表现的字形越精确、越逼真，所占用的存储量也越大。一个 16 点阵的汉字字形要占用 32 个字节的存储量。图 43-1 是一个 16 点阵的汉字字形。

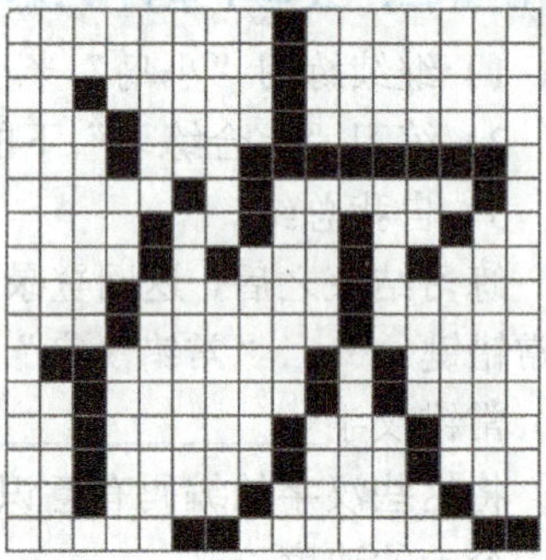

图 43-1　16 点阵的汉字字形

点阵数据不经压缩，直接存储在芯片中，使用简便、成本低，适用面广，但字型粗糙，只适用于低分辨率显示和打印。而曲线字型质量达到印刷出版水准，可任意缩放，但需要较大的存储空间和 Wintel 的 PC 平台对字型数据解压缩，不适用于非 PC 及无硬盘的 IT 产品，不能满足 PC 时代 IT 产品对高分辨率曲线字库的需求。

根据我国政府部门的要求，所有字型数据必须符合国家标准，统一由中国电子标准化研究所和全国信息技术标准化技术委员会归口负责。

任务二：五笔字型打字练习

1）继续练习“小鸟”半小时。

2）练习“综合练习”下的“资本和权力一样需要笼头”。

3）自我总结。

练习结束之后，返回登录窗口，打开个人管理账户，及时查看练习过程中“综合信息”、“常错键位”、“常错汉字”等相关内容。

常错汉字＿＿＿＿＿＿＿＿＿＿＿＿＿＿＿＿＿＿＿＿＿＿＿＿＿＿＿。

将这些汉字的编码有意识地加强记忆，就能提高正确率了。

今天的速度＿＿＿＿＿＿＿＿＿＿＿＿＿＿，是否达到今天的要求每分钟 30 ～ 40 字呢？

任务三：课后作业

1）继续进行五笔字型打字练习。

2）要求：速度为 30 ～ 40 字 /min。

项目四十四　文章输入练习（旅游）

项目描述

熟练掌握五笔字型的输入方法，提高录入速度。

项目实施要求

练习五笔字型打字，要求每分钟达到 30 ～ 40 个正确的汉字。

项目任务单

1	基础知识学习
2	五笔字型打字练习
3	课后作业

任务一：基础知识学习

拓展知识点：汉字的编码——国标码

我国于 1980 年制定了国家标准字符集《信息交换用汉字编码字符集·基本集》，称 GB 2312-80，是计算机及其他设备之间交换汉字信息的统一标准，它为计算机处理的汉字和其他设备处理的汉字之间的交换建立了桥梁。

此标准中规定了信息交换用的 6763 个汉字和 682 个非汉字图形符号（包括几种外文字母、数字、符号）的代码。6763 个汉字又按其使用频度、组词能力以及用途大小分成一级常用汉字 3755 个和二级常用汉字 3008 个。一级汉字按拼音字母顺序排列，若遇同音字，则按起笔的笔形顺序排列，若起笔相同，则按第二笔的笔形顺序排列，依此类推。所谓笔形顺序，就是横、竖、撇、捺和折的顺序。二级汉字按部首顺序排列。

每个汉字（图形符号）采用双字节表示，每个字节只用低 7 位。此标准的汉字编码表有 94 行、94 列。其行号称为区号，列号称为位号。双字节中用高字节表示区号，低字节表示位号。非汉字图形符号置于第 1 ～ 11 区，一级汉字 3755 个置于第 16 ～ 55 区，二级汉字 3008 个置于第 56 ～ 87 区。

每个图形字符的汉字交换码均用两个字节的低 7 位二进制码表示。汉字国标码通常用十六进制表示，例如“南”的区号为 36，位号 47，其国标码为 444FH。

任务二：五笔字型打字练习

1）继续练习“资本和权力一样需要笼头”半小时。

2）练习“综合练习”下的“布达拉宫”。

3）自我总结。

练习结束之后，返回登录窗口，打开个人管理账户，及时查看练习过程中“综合信息”、“常错键位”、“常错汉字”等相关内容。

常错汉字____。

将这些汉字的编码有意识地加强记忆，就能提高正确率了。

今天的速度__________________________，是否达到今天的要求每分钟 30 ～ 40 字呢？

任务三：课后作业

1）继续进行五笔字型打字练习。

2）要求：速度为 30 ～ 40 字 /min。

项目四十五　五笔字型打字综合测试（二）

项目描述

练习五笔字型打字。

项目实施要求

练习五笔字型打字，将这段时间的文章进行反复练习，然后全班进行打字速度测试。

项目任务单

1	指法练习
2	五笔字型打字练习
3	课后作业

任务一：指法练习

打开“金山打字”，各人根据自己的情况，选择不同的英文打字课程，注意坐姿和指法。

任务二：五笔字型打字练习

1）将这段时间的文章进行反复练习，选择自己打得最快的文章进行练习，看自己对熟稿的最快速度可达到多少。

2）评出本班打字高手。

3）过程评价：

速度（字 /min）	录入汉字总数 / 个	错误字数 / 个	正确率（%）

4）将常错汉字记录下来：

常错汉字__________________________________。

正确编码__________________________________。

任务三：课后作业

1）继续进行五笔字型打字练习。

2）要求：速度为 30 ～ 40 字 /min。

项目四十六　文章输入练习（诗歌）

项目描述

熟悉对诗歌体裁类文章的输入。

项目实施要求

练习五笔字型打字，要求每分钟达到 40 ～ 50 个正确的汉字。

项目任务单

1	基础知识学习
2	五笔字型打字练习
3	课后作业

任务一：基础知识学习

拓展知识点：汉字的编码——机内码

汉字的机内码又称汉字内部码或汉字内码，是供计算机系统内部进行存储、加工处理、传输统一使用的代码，不允许重码。为了避免与 ASCII 码中的控制码冲突，在区码和位码上均加上 20H；为了避免与 ASCII 码中的字符冲突，在区码和位码上均加上 80H；即在国标码的基础上，将表示汉字的每个字节的高位上置 1，就可得到汉字的机内码；或者在汉字区位码的区码和位码上分别加上 A0H，也可得到相应的机内码。如“南”的国标码为 444FH，则它的机内码为 C4CFH。

任务二：五笔字型打字练习

1）练习“综合练习”下的“地震诗歌”。

2）自我总结。

练习结束之后，返回登录窗口，打开个人管理账户，及时查看练习过程中“综合信息”、“常错键位”、“常错汉字”等相关内容。

常错汉字____________。速度_____________，是否达到今天的要求每分钟 40 ～ 50 字呢？

任务三：课后作业

1）继续进行五笔字型打字练习。

2）要求：速度为 40 ～ 50 字 /min。

项目四十七　文章输入练习（文言文）

项目描述

熟练掌握五笔字型的输入方法，提高录入速度。

项目实施要求

练习五笔字型打字，要求每分钟达到 40 ～ 50 个正确的汉字。

项目任务单

1	基础知识学习
2	五笔字型打字练习
3	课后作业

任务一：基础知识学习

拓展知识点：汉字的编码——输入码

汉字的输入码是为了将汉字通过键盘输入计算机而设计的代码。汉字输入编码方案很多，按照汉字的属性分四类：音码、形码、音形结合码或形音结合码、非音非形码。

音码是完全利用汉字的拼音输入的方法。这类输入法主要按照拼音规定来输入汉字，不需要记忆，只要会拼音就可以输入汉字，如全拼双音、双拼双音、新全拼、新双拼、智能ABC、微软拼音等。但这类输入法的缺点是：一是同音字太多，重码率太高，输入效率低；二是对用户的发音要求较高；三是难于处理不认识的生字。

形码是以汉字的字形结构为编码原则，将汉字拆分成笔画、部首、字根等零件作为码元的编码方案，如五笔字型、表形码、郑码等。这类输入法最大的优点是重码少，不受方言干扰，效率高，但缺点是需要记忆的东西比较多，长时间不用会忘掉。

音形结合码或形音结合码吸取了音码和形码的优点，将二者混合使用。它是一种以汉字的发音或字形为基础，再以字形或拼音为辅助，以区别同音或形近的汉字的编码方案，如二笔、丁码等。这类输入法的特点是速度较快，又不需要专门培训。

非音非形码也称流水码或整字码，它在汉字与一种数字序列之间建立一一对应的关系，一个汉字对应一个编码，只要输入某汉字的数字编码，就可以得到这个汉字，如电报码、区位码、内码等。这类方法重码率几乎为零，效率高，可以高速盲打，但需要较强的记忆力才能掌握。

任务二：五笔字型打字练习

1）打开“金山打字”，继续练习“地震诗歌”。

2）练习“综合练习”下的“少年中国说”。

3）自我总结。

练习结束之后，返回登录窗口，打开个人管理账户，及时查看练习过程中“综合信息”、“常错键位”、“常错汉字”等相关内容。

常错汉字＿＿＿＿＿＿。速度＿＿＿＿＿＿＿，是否达到今天的要求每分钟40～50字呢？

任务三：课后作业

1）继续进行五笔字型打字练习。

2）要求：速度为40～50字/min。

项目四十八　文章输入练习（古诗）

项目描述

熟练掌握五笔字型的输入方法，提高录入速度。

项目实施要求

练习五笔字型打字，要求每分钟达到 40 ～ 50 个正确的汉字。

项目任务单

1	基础知识学习
2	五笔字型打字练习
3	课后作业

任务一：基础知识学习

拓展知识点：汉字的编码——字形码

汉字字形码是汉字字库中存储的汉字字形的数字化信息，用于汉字的显示和打印。输出一个汉字时，首先要根据汉字的机内码找出其字形信息在汉字字库中的位置，然后取出该汉字的字模作为图形在屏幕上显示或在打印机上输出，如图 48-1 所示。

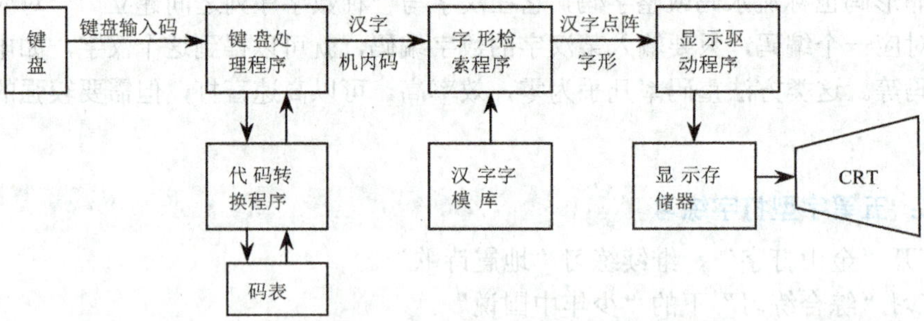

图 48-1　微机汉字显示原理图

综上所述，用汉字外部编码将汉字信息输入计算机，在计算机内部，汉字以机内码形式存储用汉字字形输出汉字点阵信息，计算机与计算机之间进行汉字信息交换，则使用国标码。汉字的各种编码关系如图 48-2 所示。

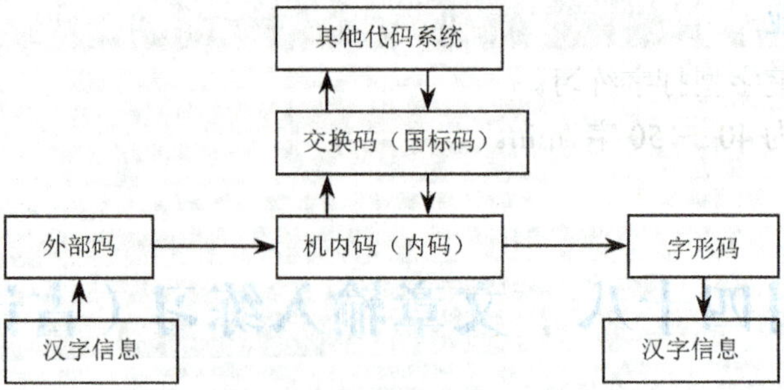

图 48-2　汉字编码关系示意图

任务二：五笔字型打字练习

1）打开“金山打字”，继续练习“少年中国说”。

2）练习“综合练习”下的“古诗”。

3）自我总结。

练习结束之后，返回登录窗口，打开个人管理账户，及时查看练习过程中“综合信息”、“常错键位”、“常错汉字”等相关内容。

常错汉字＿＿＿＿＿＿。速度＿＿＿＿＿＿，是否达到今天的要求每分钟 40 ～ 50 字呢？

任务三：课后作业

1）继续进行五笔字型打字练习。

2）要求：速度为 40 ～ 50 字 /min。

项目四十九　文章输入练习（表格）

项目描述

熟练掌握五笔字型的输入方法，提高录入速度。

项目实施要求

练习五笔字型打字，要求每分钟达到 40 ～ 50 个正确的汉字。

项目任务单

1	基础知识学习
2	五笔字型打字练习
3	课后作业

任务一：基础知识学习

知识点：学习制表

1. 创建表格

1）光标放于要插入表格处。

2）鼠标移到“常用工具栏”中的“插入表格”按钮。

3）按住鼠标左键往右下角拖，到行、列数足够时松开。

也可使用“表格”菜单命令：表格→插入表格→输入行、列数→确定。

2. 表格内容的输入与修改

（1）表格内容的输入　将光标移到表格的某一单元格（用 Tab 键、光标键或鼠标），即可和正文一样输入与修改（插入、删除）。

（2）表格内容的选定

1）单击“选定栏”选中单元格或行。

2）拖动鼠标选定多个单元格或行、列。

3）使用“表格→选定行 / 列 / 表格”命令。

3. 表格修改

（1）改变表格的列宽或行高

1）将鼠标移到表格线上，出现双箭头时，按住左键拖动。

2）表格→单元格宽度和高度。

（2）插入行

选定行（或光标置于某个单元格）→常用工具栏的“插入行”按钮（表格→插入行）。最后一行插入时可插入多行，也可把光标定在表格最后一格的外部，然后按 Enter（回车键）或把光标定在最后一格内然后按 Tab（制表键）。

（3）插入列　选定列→常用工具栏的“插入列”按钮（表格→插入列）。

（4）删除行或列　选中要删除的行或列→表格→删除单元格（删除行 / 删除列）→整行（列）删除→确定。

（5）合并单元格　选定要合并的单元格→表格→合并单元格。

（6）拆分单元格　光标置于要拆分的单元格中→表格→拆分单元格。

（7）拆分表格（将一个表格拆成两个）　光标置于要插入空白段的地方→表格→拆分表格。

（8）改变表格在文本中的对齐方式　表格→单元格宽度和高度→行→对齐方式（左 / 居中 / 右）。

（9）平均分布各行 / 列　选中要调整的表格（全部或局部）→右击 / 表格 / 表格与边框工具栏→平均分布各行 / 列。

任务二：五笔字型打字练习

1）练习输入表格。表格需要在字处理软件中练习。

2）请打开 Word，对照“综合练习”文件夹下的“表格”进行练习。注意提高速度。

3）要多练习表格的输入，因为在实际工作中，经常需要制作表格。

任务三：课后作业

1）继续进行表格制作练习。

2）要求：速度为 40 ～ 50 字 /min。

项目五十　五笔字型打字综合测试（三）

项目描述

练习五笔字型打字。

项目实施要求

练习五笔字型打字，将这段时间的文章进行反复练习，然后全班进行打字速度测试。

项目任务单

1	指法练习
2	五笔字型打字综合测试

任务一：指法练习

打开“金山打字”，各人根据自己的情况，选择不同的英文打字课程，注意坐姿和指法。

任务二：五笔字型打字综合测试

1）将这段时间的文章进行反复练习，选择自己打得最快的文章进行练习，看自己对熟稿的最快速度可达到多少。

2）评出本班打字高手。

3）过程评价：

速度（字 /min）	录入汉字总数 / 个	错误字数 / 个	正确率（%）

4）将常错汉字记录下来：

常错汉字________________________________。

正确编码________________________________。

任务三：课后作业

1）继续进行五笔字型打字练习。

2）要求：速度为 40 ～ 50 字 /min。

项目五十一　中英文混合输入练习

项目描述

掌握五笔字型的输入技巧，提高录入速度。

项目实施要求

练习五笔字型打字，要求每分钟达到 50 ～ 60 个正确的汉字。

项目任务单

1	基础知识学习
2	五笔字型打字练习
3	课后作业

任务一：基础知识学习

拓展知识点：搜狗输入法简介（一）

搜狗输入法是目前十分流行的一种汉字输入法，拥有大量的用户。它是搜狗（www.sogou.com）推出的建立在搜索引擎技术上的、特别适合网民使用的、新一代的输入法。它是一种音码输入法。下面我们就对这个输入法做一个简单的介绍。可能已经有许多人在使用它。

1．怎样切换出搜狗输入法

就像我们切换其他输入法一样，在已经安装好搜狗输入法以后，要想使用它，只需要按 Ctrl+Shift 组合键切换输入法，直至找到搜狗拼音输入法。这时在屏幕下方会出现搜狗输入法的标准状态条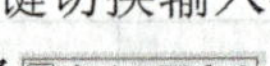。

这个标准状态条中的各符号自左向右分别表示：输入法名称、中英文切换、全角和半角切换、中英文标点切换、软键盘、登录通行证，词库随身行和菜单。当光标指向其中某项时，会自动出现该项的中文提示及相应的组合键。下面就向大家简单介绍它的用法，常用拼音输入法的用户会觉得似曾相识。

2．使用简拼

全拼输入是拼音输入法中最基本的输入方式。只要用 Ctrl+Shift 组合键切换到搜狗输入法，在输入窗口输入拼音即可。然后依次选择你要的字或词。

全拼模式如图 51-1 所示。

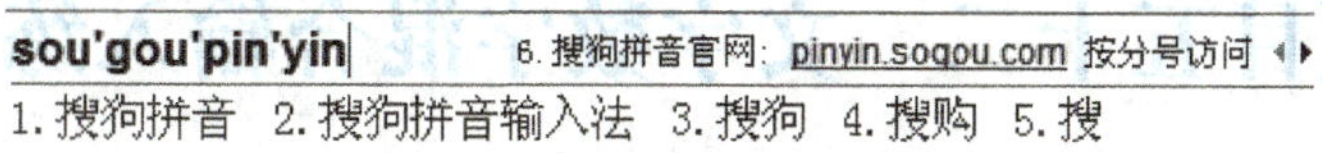

图 51-1　搜狗输入法全拼模式

搜狗输入法中使用全拼的方法与通用的全拼方法没有任何区别，就不再介绍。只向大家介绍一下它的简拼方法。

搜狗输入法现在支持的是声母简拼。例如：若想输入“政治家”，则只要输入“zhzhj”或者“zhengzj”、“zzjia”、“zhengzhijia”、“zhengzjia”，都可以得到“政治家”这个词。显然，这里已经不再仅仅是输入单字而经常是输入词组了。这是音码常用的方法。也是搜狗输入法的特色之一。

3. 翻页选字

像其他音码输入法一样，输入汉字字音后往往要有选字的过程才能够真正得到你所需要的汉字，搜狗拼音输入法默认的翻页键是“逗号（，）”、“句号（。）”，即输入拼音后，按句号（。）进行向下翻页选字，相当于 PageDown 键，找到所选的字后，按其相对应的数字键即可输入。我们推荐使用“逗号”、“句号”这两个键翻页，因为手不用移开键盘主操作区，效率最高，也不容易出错。

4. 中英文切换输入

输入法默认“Shift”键为中英文输入切换键，按一下该键转到英文输入状态，再按一下就会返回中文状态。用鼠标点击状态栏上面的中字图标也可以切换。

除了“Shift”键可以实现中英文转换外，还可以使用回车键输入英文，具体方法如下：

先输入英文，再敲回车键，刚输入的英文字母即出现在光标处。

V 模式输入英文：先输入“V”，然后再输入你要输入的英文，可以包含 @、+、*、/、等符号，然后敲空格键即可。

至此，你已经可以用搜狗输入法进行基本的文稿输入了。

任务二：五笔字型打字练习

1）练习“综合练习”下的“境外汇款”。

2）自我总结。

练习结束之后，返回登录窗口，打开个人管理账户，及时查看练习过程中“综合信息”、“常错键位”、“常错汉字”等相关内容。

常错汉字__________。速度__________，是否达到今天的要求每分钟 50 ～ 60 字呢？

任务三：课后作业

1）继续进行五笔字型打字练习。

2）要求：速度为 50 ～ 60 字 /min。

项目五十二　文字数字混合输入练习

项目描述

掌握五笔字型的输入技巧，提高录入速度。

项目实施要求

练习五笔字型打字，要求每分钟达到 50 ～ 60 个正确的汉字。

项目任务单

1	基础知识学习
2	五笔字型打字练习
3	课后作业

任务一：基础知识学习

拓展知识点：搜狗输入法简介（二）

搜狗输入法的特殊用法

除上述基本的输入功能之外，搜狗输入法还有许多特殊之处，这些也是它深受欢迎的原因之一。

1. U 模式输入

1）U 模式是专门为输入不会读的字所设计的，这就是弥补了常用音码的缺陷和不足。

在输入 U 键后，依次输入一个字的笔顺，笔顺代码为该笔顺的汉语拼音首字母如：H 横、S 竖、P 撇、N 捺、Z 折，就可以得到该字。也可以用小键盘上的 1，2，3，4，5 来分别代表 H，S，P，N，Z。这里的笔顺规则与普通手机上的五笔画是完全一样的。其中点也可以用 D 来输入。

值得一提的是，树心的笔顺是点点竖（NNS），而不是竖点点。

例如，输入“你”字，如图 52-1 所示。

```
upspzs
1.你(ni)  2.您(nin)  3.佝(gou,kou)  4.侚(xun)  5.貨(huo)

u32352
1.你(ni)  2.您(nin)  3.佝(gou,kou)  4.侚(xun)  5.貨(huo)
```

图 52-1　U 模式笔顺输入

2）笔顺还可以用于输入单字时的筛选，用笔顺快速定位该字。使用方法是输入一个字或多个字后，按下 Tab 键，然后用 H，S，P，N，Z 依次输入第一个字的笔顺，一直找到该字为止。例如，快速定位该字，如图 52-2 所示。

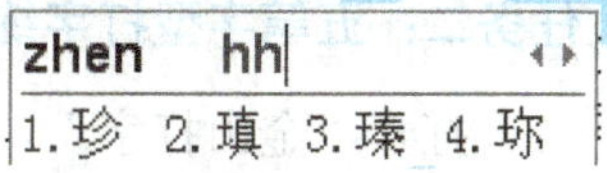

图 52-2　用笔顺定位

3）还有一种快速定位单字的方法，使用方法如下：

比如想输入一个汉字“计”，但是选字时发现该字比较靠后，不易找到，那么输入“ji”之后按下“Tab”键，再输入“计”字。输入的顺序为 ji+Tab+ys。

2．V 模式

1）V 模式中文数字是一个功能组合，包括多种中文数字的功能。只能在全拼状态下使用。比如：

① 要输出中文数字金额大小写时：输入“V424.52”，就会输出“四百二十四元五角二分”。

② 要输出罗马数字时：输入 99 以内的数字例如“V12”，就会输出“XII”。

③ 要让年份自动转换时：输入“V2008.8.8”或“V2008/8/8”，就会输出“2008 年 8 月 8 日”。

④ 要让年份自动转换时：输入“V2006N12Y25R”，就会输出“2006 年 12 月 25 日”。

2）“插入当前日期时间”的功能可以方便地输入当前的系统日期、时间、星期。并且还可以用插入函数自己构造动态的时间，例如在回信的模版中使用。此功能是用输入法内置的时间函数通过“自定义”功能来实现的。由于输入法的自定义短语默认不会覆盖用户已有的配置文件，所以要想使用下面的功能，需要恢复“自定义短语”的默认配置。就是说，如果输入了 RQ 而没有输出系统日期，则打开“选项卡”→“高级”→“自定义短语设置”→点击“恢复默认配置”即可。注意：恢复默认配置将丢失自己已有的配置，请自行保存手动编辑。输入法内置的插入项有：

① 输入“RQ”（日期的首字母），输出系统日期“2006 年 12 月 28 日”；

② 输入“SJ”（时间的首字母），输出系统时间“2006 年 12 月 28 日 19：19：04”；

③ 输入“XQ”（星期的首字母），输出系统星期“2006 年 12 月 28 日星期四”。

3．修改自选词的个数

通过在状态栏上面右键菜单的“设置属性”→“外观”→“候选词个数”来写该自选词的个数，选择范围是 3 ～ 9 个。

输入法默认的是 5 个候选词，搜狗的首词命中率和传统的输入法相比已经大大提高。第一页的 5 个候选词能够满足绝大多数的输入，推荐选用默认的 5 个候选词。候选词太多会造成查找时的困难，导致输入效率下降。

4．使用自定义短语

自定义短语是通过特定字符串输入自定义好的文本，自定义短语在设置选项的“高级”选项卡中，默认为开启。点击“自定义短语设置”后就可以进行添加、删除、修改自定义短语，设置自己常用的自定义短语了。可帮助提高输入效率。

任务二：五笔字型打字练习

1）打开“金山打字”，继续练习“境外汇款”。

2）练习“综合练习”下的“F-15 战斗机”。

3）自我总结。

练习结束之后，返回登录窗口，打开个人管理账户，及时查看练习过程中“综合信息”、“常错键位”、“常错汉字”等相关内容。

常错汉字___________。速度___________，是否达到今天的要求每分钟 50 ～ 60 字呢？

任务三：课后作业

1）继续进行五笔字型打字练习。

2）要求：速度为 50 ～ 60 字 /min。

项目五十三　混合文本输入练习（一）

项目描述

掌握五笔字型的输入技巧，提高录入速度。

项目实施要求

练习五笔字型打字，要求每分钟达到 50 ～ 60 个正确的汉字。

项目任务单

1	基础知识学习
2	五笔字型打字练习
3	课后作业

任务一：基础知识学习

拓展知识点：搜狗输入法简介（三）

1．软键盘

在搜狗输入法状态栏中有一个标志为“软键盘”，用鼠标点击之后，在屏幕右下方会出现计算机主键盘的图样，这时可以用鼠标左键点击该图样（即为软键盘）中的任何一键，其作用就相当于真正在键盘上敲键。许多输入法中都有这样的设置。再次点击状态栏中的软键盘标志就可以关闭软键盘功能。

2. 细胞词库

搜狗输入法中有一个重要的词库叫“细胞词库”，是开放共享、可在线升级的细分化词库。通过细胞词库，搜狗拼音输入法几乎可以覆盖所有的中文词汇，包括流行的新歌、古诗词的词牌和句子、网络流行词、甚至股票用语等。用户可以点击搜狗输入法状态栏的“菜单”项，找到“设置属性”，点击之后如图 53-1 所示。

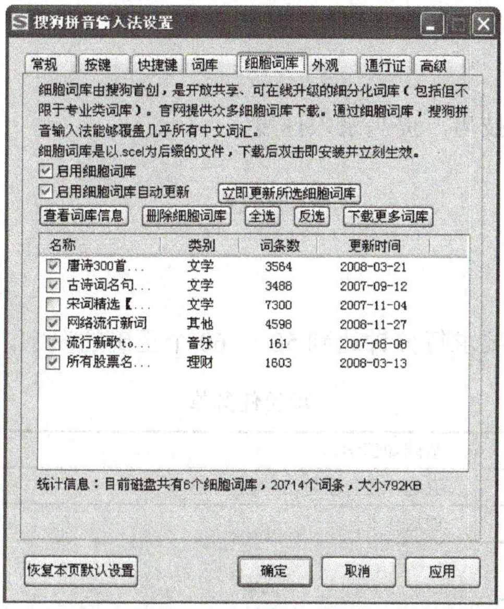

图 53-1　搜狗输入法设置属性

从上图中可以看到搜狗输入法的细胞词库中约有近两万条词条供使用，已经相当大，而该词库还可以不断更新和从网上下载增补。

搜狗输入法还有一些特殊的地方，本书就不在这里做更详细的介绍，有兴趣的读者完全可以通过上网等手段来自学。如果你的计算机上已经装有这个输入法，那么只要实际练一练就可以很容易地掌握它。

任务二：五笔字型打字练习

1）打开“金山打字”，继续练习“F-15 战斗机”。

2）练习“综合练习”下的“环丙沙星”。

3）自我总结。

练习结束之后，返回登录窗口，打开个人管理账户，及时查看练习过程中“综合信息”、“常错键位”、“常错汉字”等相关内容。

常错汉字________________。速度________________，是否达到今天的要求每分钟 50 ～ 60 字呢？

任务三：课后作业

1）继续进行五笔字型打字练习。

2）要求：速度为 50 ～ 60 字 /min。

项目五十四　混合文本输入练习（二）

项目描述

掌握五笔字型的输入技巧，提高录入速度。

项目实施要求

练习五笔字型打字，要求每分钟达到 50 ～ 60 个正确的汉字。

项目任务单

1	基础知识学习
2	五笔字型打字练习
3	课后作业

任务一：基础知识学习

拓展知识点 1：介绍智能五笔

智能陈桥即智能五笔是第一套真正支持全部 GBK 汉字编码的五笔字型，内置了直接支持二万多汉字编码的五笔和新颖实用的陈桥拼音，具有智能提示、语句输入、语句提示及简化输入、智能选词等多项非常实用的独特技术，并支持繁体汉字输出、各种符号输出，内含丰富的词库和强大的词库管理功能。智能五笔灵活强大的参数设置功能，可让大多数用户称心使用。

智能陈桥具有 15 大功能：

1）极具实用的智能语句提示及简化输入操作功能。

2）独特的智能词句输入功能。

3）高智能的重码词选取功能。

4）直接支持全部 GBK 汉字的五笔编码输出。

5）强化的各种符号输入功能。

6）新颖的提示行显示功能。

7）灵活的词库管理功能。

8）灵活的句号和小数点智能处理功能。

9）全面支持繁体汉字输出功能。

10）方便的疑难字表功能。

11）强大的系统状态参数设置功能。

12）方便的外码提示功能。

13）GB/BIG5 双内码汉字支持功能。

14）新增非常好用的陈桥拼音输入功能。

15）本系统可挂接多种类似于五笔字型的汉字输入方法。

拓展知识点 2：智能五笔的设置

1. 个性化设置

智能五笔定义了鼠标右键功能。用户通过鼠标右键单击智能五笔状态提示窗口区域，系统将弹出如图 54-1 所示的主菜单，主菜单包括辅助功能、个性设置、参数设置、帮助信息和用户出册等功能。

智能陈桥为了进一步方便各种人员对智能陈桥系统的快速简化设置操作，特别增加了个性设置功能。该功能分为四类，即办公写作人员、网上聊天人员、专业录入人员和初学五笔新手，用户只需根据自己的情况选择一种合适自己的设置即可进行操作。

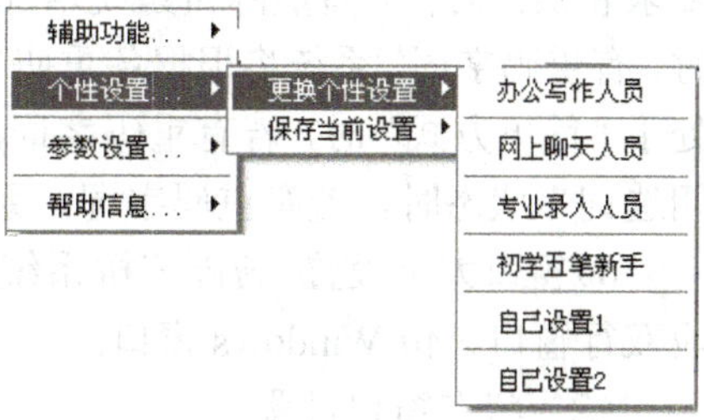

图 54-1　智能五笔主菜单

2. 参数设置

（1）主参数设置

选择“参数设置”菜单中的“主参数设置”项，打开如图 54-2 所示窗口。

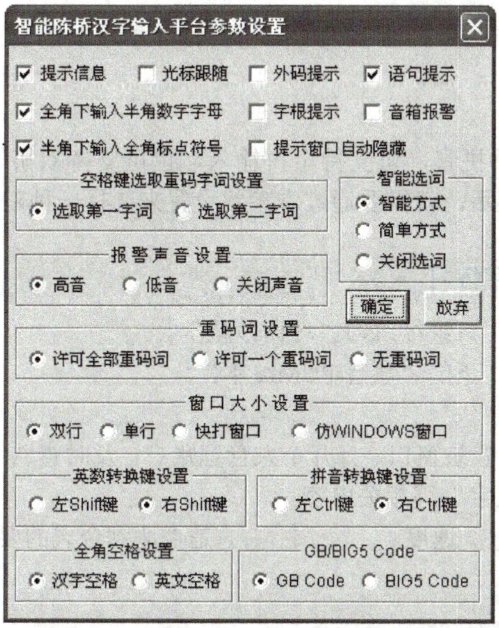

图 54-2　智能陈桥汉字输入平台参数设置

部分选项功能：

1）提示信息：主要包括简码提示信息、词组提示信息、输出统计及速度信息等，适用于初学用户。

2）光标跟随：选中该参数，状态窗口将随输入位置而跟随移动。

3）语句提示：它是智能陈桥最具特色的一个功能，系统通过对用户的操作进行智能处理后，向用户提示下一步将有可能要输入的语句，帮助用户简化输入。

4）字根提示：学习五笔字型输入法最难的是记忆字根，为了帮助初学用户记忆字根，智能五笔特别增加了字根提示功能。

5）智能选词：智能五笔具有智能自动选择重码词组的功能，为了适应不同用户的不同要求和操作习惯，智能陈桥系统增加了智能选择重码词组的参数设置功能。处于“智能方式”时，有重码字词，系统将根据各重码字词的使用情况以及上下文的情况来决定选择某一字词。处于“简单方式”时，若有重码字词，系统仅根据以前的使用情况来调整输出顺序。处于“关闭选词”状态时，若有重码字词，系统将不做出任何选择或排序。

6）窗口大小设置：智能陈桥系统提供了四种窗口供选择，双行窗口、单行窗口、快打窗口、段双行窗口、仿 Windows 窗口。

（2）状态窗口设置

状态窗口设置可对窗口大小、窗口的背景、窗口字体、窗口字号、窗口快捷操作区功能进行设置。

（3）汉字输出参数设置

汉字输出相关参数主要有 GBK 汉字输出设置、大写编码输出、大写字母设置、繁体汉字输出设置、小数点智能处理设置、输出汉字读音设置、五笔编码提示设置、英数窗口自动隐藏设置、输出汉字间插空格设置等。

（4）拼音参数设置

智能陈桥系统内置了适应范围强大的陈桥拼音，本项参数设置中可对拼音键盘参数、模糊音参数进行设置。

（5）双拼键盘设置

智能五笔内置的陈桥拼音，可支持全拼输入，也可支持双拼输入。用户在拼音参数设置中选择了双拼输入方案后，就需要通过本参数设置来选择一种双拼键盘。

任务二：五笔字型打字练习

1）打开“金山打字”，继续练习“环丙沙星”。

2）练习“综合练习”下的“惠普 PUMA 本”。

3）自我总结。

练习结束之后，返回登录窗口，打开个人管理账户，及时查看练习过程中“综合信息”、“常错键位”、“常错汉字”等相关内容。

常错汉字____________。速度______________，是否达到今天的要求每分钟 50 ～ 60 字呢？

任务三：课后作业

1）继续进行五笔字型打字练习。

2）要求：速度为 50 ～ 60 字 /min。

项目五十五　五笔字型打字综合测试（四）

项目描述

练习五笔字型打字。

项目实施要求

练习五笔字型打字，将这段时间的文章进行反复练习，然后全班进行打字速度测试。

项目任务单

1	指法练习
2	五笔字型打字综合测试
3	课后作业

任务一：指法练习

打开“金山打字”，各人根据自己的情况，选择不同的英文打字课程，注意坐姿和指法。

任务二：五笔字型打字综合测试

1）将这段时间的文章进行反复练习，选择自己打得最快的文章进行练习，看自己对熟稿的最快速度可达到多少。

2）评出本班打字高手。

3）过程评价：

速度（字 /min）	录入汉字总数 / 个	错误字数 / 个	正确率（%）

4）将常错汉字记录下来：

常错汉字：______________________________。

正确编码：______________________________。

任务三：课后作业

1）继续进行五笔字型打字练习。

2）要求：速度为 50 ～ 60 字 /min。

项目五十六 生稿打字练习（十）

项目描述

掌握五笔字型的输入技巧，提高录入速度。

项目实施要求

练习五笔字型打字，对生稿的打字速度，要求达到 50 ～ 60 字 /min 正确的汉字。

项目任务单

1	基础知识学习
2	五笔字型打字练习
3	课后作业

任务一：基础知识学习

拓展知识点：智能陈桥常用的简捷操作

1. 重复输入操作

在实际使用中，经常存在某个字、某个词需要重复输入，智能陈桥提供了重复输入功能。其操作方法为：学习键（Z 间）+ 空格键。如：跑跑跳跳，先输入一个“跑”字，输入第二个跑字时只需要按一下 Z 键，智能陈桥系统将在输出提示窗口显示“敲”字。又如：学习学习，先输入“学习”一词，第二个“学习”只需要按一下 Z 键，智能陈桥系统将在输出提示窗口显示“研究”一词。如果要连续输入多个同一个字或同一个词，只需要在第一次输入正确字或词后，连续按 Z 键即可。

2. 反查汉字的五笔编码

具体操作：

1）右击“智能五笔”输入法，弹出主菜单，如图 56-1 所示，选择“参数设置”中的“输出设置”选项窗口，将“拼音输出时提示五笔编码”参数项设置为选中状态，如图 56-2 所示。

2）在拼音状态下，可以输出单个汉字，查看五笔编码。

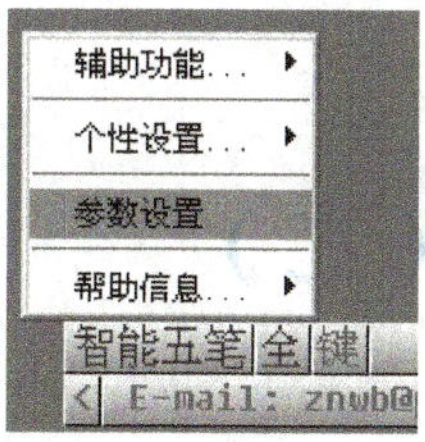

图 56-1 “智能五笔”主菜单

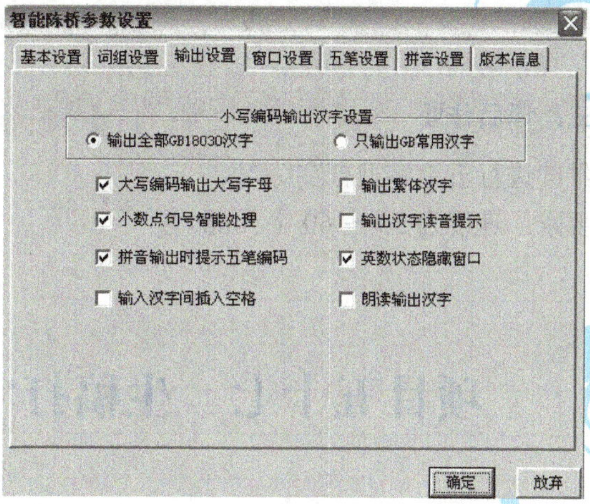

图 56-2 “智能陈桥”参数设置

3. 增加或删除词组

（1）增加词组

具体操作：

1）右击“智能五笔”输入法，弹出主菜单，如图 56-1 所示，选择“辅助功能”→“增删词组”→“增加词组”，系统弹出“智能陈桥辅助功能”对话框，如图 56-3 所示。

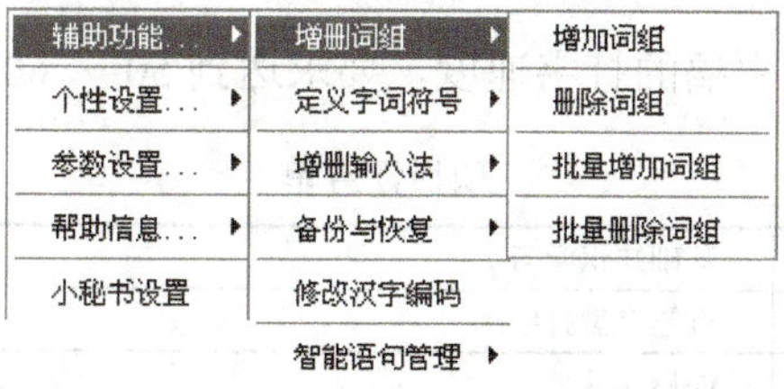

图 56-3 “智能陈桥辅助功能”对话框

2）在编辑栏中输入要增加的词组。

3）单击“确定”按钮，即可新增词组。

（2）删除词组

删除词组操作与增加词组操作方法相同，通过窗口键入词组的方法可以删除词组。

任务二：五笔字型打字练习

1）练习“综合练习”下的没有练习过的文章，测试一下，生稿的打字速度是多少。

2）自我总结。

常错汉字：__________。速度：__________，是否达到 50 ～ 60 字 /min 呢？

任务三：课后作业

1）继续进行五笔字型打字练习。

2）要求：速度为 50 ～ 60 字 /min。

项目五十七　生稿打字练习（二）

项目描述

练习五笔字型打字。

项目实施要求

练习五笔字型打字，对生稿的打字速度，要求达到 50 ～ 60 字 /min 正确的汉字。

项目任务单

1	基础知识学习
2	五笔字型打字练习
3	课后作业

任务一：基础知识学习

拓展知识点：智能陈桥特殊键的使用

1. 学习键的使用

五笔字型的编码键有 25 个，标准键盘有 26 个字母键，字母键 Z 没有被列入编码键，五笔字型把 Z 键定义为学习键。

1）学习键可以代替输入汉字编码中的任何一个忘记的编码。如输入“前”字，第一个编码忘记了，可以键入“zej”，系统将在提示行提示出以编码“ej”为结尾的所有编码汉字。

2）输入词组时，用学习键可以代替该词组编码中的任何一个或两个忘记的编码。

3）智能语句输入时，学习键代替所输入语句第三个编码以后的任何一个忘记的编码。

4）学习键 + 空格键为重复输入刚输出的字或词。如刚刚输入词组“职业”，此时按“Z”键，将再一次输入词组“职业”。

5）四码全为学习键，可输出智能陈桥系统难字表中存放的不易集注的编码的汉字。

2. 回车键的使用

1）在陈桥五笔状态下，回车键可以清楚输入数据，其功能与 Esc 键相同。

2）在陈桥拼音状态下，回车键可以作为英数输入确定键。

3. 空格键的使用

智能陈桥系统中空格键的主要功能有：

1）结束不足四码的五笔字型编码。

2）结束五笔字型简码。

3）智能语句输入的结束。

4）选择位于输出提示窗口中的第一个字或词句。

与一个学习键码组成重复输入操作。

任务二：五笔字型打字练习

1）练习“综合练习”下的其他没有练习过的文章，测试一下，生稿的打字速度是多少。

2）自我总结。

常错汉字：__________。速度：____________，是否达到 50 ～ 60 字 /min 呢？

任务三：课后作业

1）继续进行五笔字型打字练习。

2）要求：速度为 50 ～ 60 字 /min。

项目五十八　英文听打练习

项目描述

掌握五笔字型的输入技巧，提高录入速度。

项目实施要求

练习五笔字型打字，要求速度达到 50 ～ 60 字 /min 正确的汉字。

项目任务单

1	技能学习
2	指法热身练习
3	英文听打练习
4	课后作业

任务一：技能学习

知识点：技能要点

听打录入方式包括：

1）重点记录。就是把讲话中的重要或主要部分记录下来。这种记录大都是因为讲话内容没有详细记录的必要，或者是由于讲话人的口才欠佳，或者方言难懂，无法进行详细记录，只能记其重点。

2）详细记录。比重点记录要详细，但又不同于全面记录。它可以把一些无关紧要的或重复的词、语、句略去，把讲话内容详细记录下来。

3）全面记录。就是把讲话内容基本上原封不动地记录下来。但是，由于口语和书面语有差异，听打速录稿比之原来的讲话，在语法和用词上，可能会有细微的差别，这就要以客观要求或速录员的文化水平来决定了。假若主持人要求你全面记录，无论讲话内容有无差误，都一字不漏地记录下来，那就按照主持人的意见尽量全部记录，努力做到一字不漏。如果主持人要求你全面记录，记下以后，马上打印出来，那就同时还要保证语句的通顺。

任务二：指法热身练习

打开“金山打字”，各人根据自己的情况，选择不同的英文打字课程，注意坐姿和指法。

任务三：英文听打练习

1）打开“金山打字”，选择“速度测试”→“同声录入”→“课程选择”→“英文文章”。

2）练习结束之后，返回登录窗口，打开个人管理账户，及时查看练习过程中“综合信息”、“常错键位”等相关内容。

任务四：课后作业

1）继续进行五笔打字练习。

2）要求：速度为 50 ～ 60 字 /min。

项目五十九　中文听打练习

项目描述

掌握五笔字型的输入技巧，提高录入速度。

项目实施要求

练习五笔字型打字，要求速度达到 50 ～ 60 字 /min 正确的汉字。

项目任务单

1	基础知识学习
2	指法热身练习
3	英文听打练习
4	课后作业

任务一：基础知识学习

拓展知识点：文字录入技能鉴定规定

对于职业院校的计算机专业的学生来说，文字输入是一门基本功，也可以说是看家的技能之一。对于这项技能的考察，一般有劳动系统的“计算机文字录入处理员”职业技能鉴定、国家教委计算机等级考试（一级）等几个途径。这里简单介绍一下劳动系统的考试有关规定。国家劳动部职业技能鉴定中心关于计算机文字录入员的技能鉴定规定了职业技能的技术等级分为高、中、初三个等级，在校的学生可以参加初级工的鉴定。其中有关文字录入方面要求掌握汉字录入方法的一般理论，包括音码、形码、音形码的基本概念；国标字库的情况；内码、外码、编码的三要素；汉字输入方法的基本原理等。还要求熟练掌握汉字的输入技术，其中质量标准的规定是：初级录入员的录入速度要不低于 60 字 /min 正确的汉字、错误率不高于千分之四或每分钟输入英文字符不少于 180 个、错误率不高于千分之二；中级汉字录入员的录入速度要达到不低于 90 字 /min 正确的汉字、错误率不高于千分之三或每分钟输入英文字符不少于 220 个、错误率不高于千分之一；高级录入员的录入速度要达到不低于 140 字 /min 正确的汉字、错误率不高于千分之三或每分钟输入英文字符不少于 280 个、错误率不高于千分之一。对于初学的同学来说，要达到这个标准还是要花一些力气的。

除了以上要求外，还有许多计算机的基础知识以及操作技能方面的要求（比如排版等），要想达到较好的录入质量，同学们还应该尽可能多地掌握一些相关的知识，提高文字方面的基本素养。

任务二：指法热身练习

打开“金山打字”，各人根据自己的情况，选择不同的英文打字课程，注意坐姿和指法。

任务三：英文听打练习

1）打开“金山打字”，选择“速度测试”→“同声录入”→“课程选择”→“中文文章”。

2）练习结束之后，返回登录窗口，打开个人管理账户，及时查看练习过程中“综合信息”、“常错键位”等相关内容。

任务四：课后作业

1）继续进行五笔打字练习。

2）要求：速度为 50 ～ 60 字 /min。

项目六十　五笔字型打字综合测试（五）

项目描述

练习五笔字型打字。

项目实施要求

练习五笔字型打字，将这段时间的文章进行反复练习，然后全班进行打字速度测试。

项目任务单

1	英文打字测试
2	中文打字测试

任务一：英文打字测试

打开“金山打字”，各人根据自己的情况，选择不同的英文打字课程，注意坐姿和指法。

速度：________________。

任务二：中文打字测试

1）将这段时间的文章进行反复练习，选择自己打得最快的文章进行练习，看自己对熟稿的最快速度可达到多少。

速度：________________。

2）评出本班打字高手。

模块四　常用汉字五笔字型编码速查表

五笔编码查询 86 版（拼音顺序）

A

音	字	编码	字	编码	字	编码	字	编码	字	编码
a	啊	kb	阿	bs	吖	kuh	腌	edjn	锕	qbs
ai	挨	rct	哎	kaq	唉	kct	哀	yeu	埃	fct
	皑	rmnn	癌	ukk	蔼	ayj	矮	tdtv	艾	aqu
	碍	djg	爱	ep	隘	buw	捱	rdff	嗳	kep
	媛	vepc	瑗	gepc	暧	jep	霭	fyjn	锿	qyey
an	氨	rnp	鞍	afp	安	pv	俺	wdjn	按	rpv
	暗	ju	岸	mdfj	胺	epv	案	pvs	谙	yuj
	埯	fdjn	揞	rujg	犴	qtfh	庵	ydjn	桉	spv
	铵	qpv	鹌	djng	黯	lfoj				
ang	肮	eym	昂	jqb	盎	mdl				
ao	凹	mmgd	敖	gqty	熬	gqto	翱	rdfn	袄	putd
	傲	wgqt	奥	tmo	懊	ntm	澳	itm	坳	fxl
	拗	rxl	嗷	kgqt	岙	tdm	廒	ygq	遨	gqtp
	媪	vjl	鳌	gqtg	骜	gqtc	獒	gqtd	聱	gqtb
	螯	gqtj	鏊	gqtq	鏖	ynjq				

B

音	字	码	字	码	字	码	字	码	字	码
ba	芭	ac	捌	rklj	扒	rwy	叭	kwy	吧	kc
	笆	tcb	八	wty	疤	ucv	巴	cnhn	拔	rdc
	跋	khdc	靶	afc	把	rcn	耙	dic	坝	fmy
	霸	faf	罢	lfc	爸	wqc	茇	adc	菝	ard
	岜	mcb	灞	ifa	钯	qcn	粑	ocn		
bai	白	rrrr	柏	srg	百	dj	摆	rlf	佰	wdj
	败	mty	拜	rdfh	稗	trtf	捭	rrtf	掰	rwvr
ban	斑	gyg	班	gytg	搬	rte	扳	rrc	般	temc
	颁	wvd	板	src	版	thgc	扮	rwv	拌	rufh
	伴	wuf	瓣	ur	半	uf	办	lw	绊	xuf
	阪	brcy	坂	frc	钣	qrc	瘢	utec	舨	terc
bang	邦	dtb	帮	dt	梆	sdt	榜	sup	膀	eup
	绑	xdt	棒	sdw	磅	dup	蚌	jdh	镑	qup
	傍	wup	谤	yup	蒡	aupy	浜	irgw		
bao	胞	eqn	包	qn	褒	ywk	剥	vijh	苞	aqn
	薄	aigf	雹	fqn	保	wks	堡	wksf	饱	qnqn
	宝	pgy	抱	rqn	报	rb	暴	jaw	豹	eeqy

bao	鲍	qgq	爆	oja	葆	awks	孢	bqn	煲	wkso
	鸨	xfq	褓	puws	趵	khqy	龅	hwbn		
bei	杯	sgi	碑	drt	悲	djdn	卑	rtfj	北	ux
	辈	djdl	背	uxe	贝	mhny	钡	qmy	倍	wuk
	狈	qtmy	备	tlf	惫	tln	焙	ouk	被	puhc
	邶	uxb	埤	frt	萆	art	蓓	awuk	呗	kmy
	悖	nfpb	碚	duk	鹎	rtfg	褙	puue	鐾	nkuq
ben	奔	dfa	苯	asg	本	sg	笨	tsg	畚	cdl
	坌	wvff	贲	fam	锛	qdf				
beng	崩	mee	绷	xee	甭	gie	泵	diu	蹦	khme
	迸	uap	嘣	kmee						
bi	陛	bxxf	匕	xtn	俾	wrt	荜	axxf	薜	anku
	吡	kxx	哔	kxxf	狴	qtxf	庳	yrt	愎	ntjt
	滗	itt	濞	ithj	弼	xdjx	妣	vxx	婢	vrt
	壁	nkuf	畀	lgj	铋	qntt	秕	txx	裨	pur
	髀	merf	逼	gklp	鼻	thl	比	xx	鄙	kfl
	笔	tt	彼	thc	碧	grd	蓖	atlx	蔽	aum
	毕	xxf	毙	xxgx	币	tmh	庇	yxx	痹	ulgj
	闭	uft	敝	umi	必	nt	辟	nku	壁	nkuf
	弊	umia	臂	nkue	避	nkup				
bian	褊	puya	蝙	jyna	笾	tlp	鳊	qgya	鞭	afwq
	边	lp	编	xyna	贬	mtp	扁	ynma	便	wgjq
	变	yoc	卞	yhu	辨	uytu	辩	uyu	辫	uxu
	遍	ynm	匾	ayna	弁	caj	汴	iyh	飚	mqoo
	煸	oyna	砭	dtp	碥	dyna	窆	pwtp		
biao	标	sfi	彪	hame	膘	esfi	表	ge	婊	vgey
	骠	csf	飑	mqqn	镖	qsf	裱	puge	鳔	qgs
bie	鳖	umig	憋	umin	别	klj	瘪	uthx	蹩	umih
bin	彬	sse	斌	yga	濒	ihim	滨	ipr	宾	pr
	摈	rpr	缤	xpr	槟	spr	殡	gqp	膑	epr
	镔	qpr	髌	mepw	鬓	depw				
bing	兵	rgw	冰	ui	柄	sgm	丙	gmw	秉	tgv
	饼	qnu	炳	ogm	病	ugm	并	ua	禀	ylki
	摒	rnua	邴	gmwb						
bo	饽	qnfb	檗	nkus	擘	nkur	礴	dai	钹	qdcy
	鹁	fpbg	簸	tadc	跛	khhc	踣	khuk	剥	vijh
	玻	ghc	菠	aih	播	rtol	拨	rnt	钵	qsg
	波	ihc	博	fge	勃	fpb	搏	rgef	铂	qrg
	箔	tir	伯	wr	帛	rmh	舶	ter	脖	efp
	膊	egef	渤	ifp	泊	ir	驳	cqq	孛	fpbf
	亳	ypt	啵	kihc						
bu	捕	rge	卜	hhy	哺	kge	补	puh	埠	fwn
	不	i	布	dmh	步	hi	簿	tig	部	ukb
	怖	ndm	卟	khy	逋	gehp	晡	jgey	钚	qgiy
	钸	qdmh	醭	sgoy						

C

音	字	码	字	码	字	码	字	码	字	码
ca	擦	rpwi	嚓	kpwi	礤	daw				
cai	猜	qtge	裁	fay	材	sft	才	ft	财	mft
	睬	hes	踩	khes	采	es	彩	ese	菜	aes
	蔡	awfi								
can	餐	hq	参	cd	蚕	gdj	残	gqg	惭	nlr
	惨	ncd	灿	om	骖	ccd	璨	ghq	黪	lfoe
cang	苍	awb	舱	tew	仓	wbb	沧	iwb	藏	adnt
cao	操	rkk	糙	otf	槽	sgmj	草	ajj	嘈	kgmj
	漕	igmj	螬	jgmj	艚	tegj				
ce	厕	dmjk	策	tgm	侧	wmj	册	mmgd	测	imj
	恻	nmj								
cen	岑	mwyn	涔	imw						
ceng	层	nfc	蹭	khuj	噌	kul				
cha	插	rtfv	叉	cyi	茬	adhf	茶	aws	查	sj
	碴	dsj	搽	raws	察	pwfi	岔	wvmj	差	uda
	诧	ypta	猹	qts	汊	icyy	槎	suda	檫	spwi
	锸	qtfv	镲	qpwi	衩	puc				
chai	拆	rry	柴	hxs	豺	eef	侪	wyj	钗	qcy
chan	搀	rqku	掺	rcd	蝉	jujf	馋	qnqu	谗	yqk
	缠	xyj	铲	qut	产	u	阐	uuj	颤	ylkm
	冁	ujfe	谄	yqvg	忏	ntfh	潺	inbb	澶	iylg
	婵	vujf	骣	cnb	觇	hkm	禅	pyuf	蟾	jqd
chang	昌	jj	猖	qtjj	场	fnrt	尝	ipf	常	ipkh
	长	ta	偿	wi	肠	enl	厂	dgt	敞	imkt
	唱	kjj	倡	wjjg	伥	wta	苌	ata	菖	ajjf
	徜	tim	怅	nta	阊	ujjd	娼	vjj	嫦	viph
	昶	ynij	氅	imkn	鲳	qgjj				
chao	钞	qit	朝	fje	嘲	kfje	潮	ifje	巢	vjs
	超	fhv	抄	rit	吵	kit	绰	xhj	怊	nvk
	晁	jiqb	焯	ohj	耖	diit				
che	车	lg	扯	rhg	撤	ryc	掣	rmhr	彻	tavn
	澈	iyct	坼	fry	砗	dlh				
chen	郴	ssb	臣	ahn	辰	dfe	尘	iff	晨	jd
	忱	np	沉	ipm	陈	ba	趁	shwe	衬	puf
	谌	yadn	抻	rjh	嗔	kfhw	宸	pdfe	琛	gpw
	榇	sus	碜	dcd	龀	hwbx				
cheng	撑	rip	称	tq	城	fd	橙	swgu	成	dn
	蛏	jcfg	酲	sgkg	呈	kg	乘	tux	程	tkgg
	惩	tghn	澄	iwgu	诚	ydn	承	bd	逞	kgp
	骋	cmg	秤	tgu	丞	big	埕	fkg	枨	sta
	柽	scfg	塍	eudf	瞠	hip	铖	qdn	裎	pukg

chi	饬	qntl	忮	nfcy	敕	gkit	眵	hqq	鸱	qayg
	蚩	bhgj	蛭	jgc	螭	jybc	笞	tck	豉	gkuc
	踟	khtk	魑	rqcc	吃	ktn	痴	utdk	持	rf
	匙	jghx	池	ib	迟	nyp	弛	xb	驰	cbn
	耻	bh	齿	hwb	侈	wqq	尺	nyi	赤	fo
	翅	fcn	斥	ryi	炽	okw	傺	wwfi	茌	awff
	叱	kxn	哧	kfo	啻	upmk	嗤	kbhj		
chong	虫	jhny	充	yc	冲	ukh	崇	mpf	宠	pdx
	茺	ayc	忡	nkh	憧	nujf	铳	qyc	舂	dwv
	艟	teuf								
chou	抽	rm	酬	sgyh	畴	ldt	踌	khdf	稠	tmfk
	愁	tonu	筹	tdtf	仇	wvn	绸	xmfk	瞅	hto
	丑	nfd	臭	thdu	俦	wdtf	惆	nmfk	瘳	unwe
chu	褚	pufj	蜍	jwt	蹰	khdf	黜	lfom	初	puv
	出	bm	橱	sdgf	厨	dgkf	躇	khaj	锄	qegl
	雏	qvw	滁	ibw	除	bwt	楚	ssn	础	dbm
	储	wyfj	矗	fhfh	搐	ryxl	触	qejy	处	th
	亍	fhk	刍	qvf	怵	nsy	憷	nss	绌	xbm
	杵	stfh	楮	sftj						
chuai	揣	rmd	膪	eupk	踹	khmj				
chuan	川	kthh	穿	pwat	椽	sxe	传	wfny	船	temk
	喘	kmd	串	kkh	舛	qah	遄	mdm	氚	rnkj
	钏	qkh	舡	tea						
chuang	疮	uwb	窗	pwt	幢	mhuf	床	ysi	闯	ucd
	创	wbj	怆	nwb						
chui	吹	kqw	炊	oqw	捶	rtgf	锤	qtgf	垂	tgaf
	陲	btgf	棰	stgf	槌	swn				
chun	春	dw	椿	sdwj	醇	sgyb	唇	dfek	淳	iyb
	纯	xgb	蠢	dwjj	莼	axg	鹑	ybq	蝽	jdwj
chuo	戳	nwya	绰	xhj	啜	kccc	辍	lccc	踔	khhj
	龊	hwbh								
ci	疵	uhx	茨	auqw	磁	duxx	雌	hxw	辞	tduh
	慈	uxxn	瓷	uqwn	词	yngk	此	hx	刺	gmij
	赐	mjq	次	uqw	茈	ahx	祠	pynk	鹚	uxxg
	糍	ouxx								
cong	聪	bukn	葱	aqrn	囱	tlqi	匆	qry	从	ww
	丛	wwg	苁	awwu	淙	ipfi	骢	ctl	琮	gpfi
	璁	gtl	枞	sww						
cou	凑	udw	楱	sdwd	辏	ldwd	腠	edwd		
cu	粗	oe	醋	sga	簇	tyt	促	wkh	蔟	ayt
	徂	tegg	猝	qtyf	殂	gqe	蹙	dhih	蹴	khyn
cuan	蹿	khph	篡	thdc	窜	pwkh	汆	tyiu	撺	rpwh
cui	摧	rmw	崔	mwy	催	wmw	脆	eqd	瘁	uyw
	粹	oyw	淬	iywf	翠	nywf	萃	aywf	啐	kywf
	悴	nywf	璀	gmwy	榱	syk	毳	tfnn		
cun	村	sf	存	dhb	寸	fghy	忖	nfy		

cuo	磋	dud	撮	rjb	搓	rud	措	raj	挫	rwwf
	错	qaj	厝	daj	嵯	mud	脞	eww	锉	qww
	矬	tdw	痤	uww	鹾	hlqa	蹉	khua		

D

音	字	码	字	码	字	码	字	码	字	码
da	搭	rawk	瘩	uawk	打	rs	大	dd	耷	dbf
	哒	kdp	怛	njg	妲	vjg	褡	puak	笪	tjgf
	靼	afjg	鞑	afdp						
dai	呆	ks	歹	gqi	傣	wdw	戴	falw	带	gkp
	殆	gqc	代	wa	贷	wam	袋	waye	逮	vip
	怠	ckn	埭	fvi	甙	aafd	岱	wamj	迨	ckp
	骀	cck	绐	xw	玳	gwa	黛	wal		
dan	耽	bpq	担	rjg	丹	myd	单	ujfj	掸	rujf
	胆	ejg	旦	jgf	氮	rnoo	但	wjg	惮	nuj
	淡	io	诞	ythp	弹	xuj	蛋	nhj	儋	wqd
	萏	aqvf	啖	koo	澹	iqdy	殚	gqu	赕	moo
	眈	hpq	疸	ujg	瘅	uujf	聃	bmfg	箪	tujf
dang	当	iv	挡	riv	党	ipk	荡	ain	档	siv
	谠	yip	凼	ibk	菪	apd	砀	dnr	铛	qiv
	裆	puiv								
dao	刀	vn	捣	rqym	蹈	khev	倒	wgc	岛	qynm
	祷	pyd	导	nf	到	gc	稻	tev	悼	nhjh
	道	uthp	盗	uqwl	叨	kvn	帱	mhd	忉	nvn
	氘	rnj								
de	德	tfl	得	tj	的	r	锝	qjgf		
deng	蹬	khwu	灯	os	登	wgku	等	tffu	瞪	hwg
	凳	wgkm	邓	cb	噔	kwgu	嶝	mwgu	戥	jtga
	磴	dwgu	镫	qwgu	簦	twgu				
di	邸	qayb	坻	fqa	荻	aqto	嘀	kum	娣	vux
	柢	sqa	棣	svi	砥	dqay	碲	duph	睇	hux
	镝	qum	羝	udq	骶	meqy	堤	fjgh	低	wqa
	滴	ium	迪	mp	敌	tdt	笛	tmf	狄	qtoy
	涤	its	翟	nwyf	嫡	vum	抵	rqa	底	yqa
	地	f	蒂	aup	第	tx	帝	up	弟	uxh
	递	uxhp	缔	xup	氐	qay	籴	tyo	诋	yqay
	谛	yuph								
dia	嗲	kwq								
dian	颠	fhwm	掂	ryh	滇	ifhw	碘	dma	点	hko
	典	maw	靛	gep	垫	rvyf	电	jn	佃	wl
	甸	ql	店	yhk	惦	nyh	奠	usgd	淀	ipgh
	殿	naw	阽	bhkg	坫	fhkg	巅	mfh	玷	ghk
	钿	qlg	癜	una	癫	ufhm	踮	khyk	貂	eev

diao	碉	dmf	叼	kng	雕	mfky	凋	umfk	刁	ngd
	掉	rhj	吊	kmh	钓	qqyy	调	ymfk	铞	qkmh
die	跌	khr	爹	wqqq	碟	dan	蝶	jan	迭	rwp
	谍	yan	叠	cccg	垤	fgc	堞	fan	揲	rans
die	喋	kans	牒	thgs	瓞	rcyw	蹀	khas	鲽	qga
ding	丁	sgh	盯	hs	叮	ksh	钉	qs	顶	sdm
	鼎	hndn	锭	qp	定	pg	订	ys	仃	wsh
	啶	kpgh	腚	epg	碇	dpgh	町	lsh	疔	usk
	玎	gsh	耵	bsh	酊	sgs				
diu	丢	tfc	铥	qtfc						
dong	东	ai	冬	tuu	董	atg	懂	nat	动	fcl
	栋	sai	侗	wmgk	恫	nmgk	冻	uai	洞	imgk
	垌	fmgk	咚	ktuy	岽	mai	峒	mmgk	氡	rntu
	胨	eai	胴	emgk	硐	dmgk	鸫	aiq		
dou	兜	qrnq	抖	rufh	斗	ufk	陡	bfh	豆	gku
	逗	gkup	都	ftjb	蔸	aqrq	钭	quf	窦	pwfd
	蚪	jufh	篼	tqrq						
du	都	ftjb	督	hich	毒	gxgu	犊	trfd	独	qtj
	读	yfn	堵	fft	赌	mftj	杜	sfg	镀	qya
	肚	efg	度	ya	渡	iya	妒	vynt	芏	aff
	嘟	kftb	渎	ifnd	椟	sfnd	牍	thgd	笃	tcf
	髑	mel	黩	lfod						
duan	端	umd	短	tdg	锻	qwd	段	wdm	缎	xwd
	椴	swd	煅	owd	簖	tonr				
dui	堆	fwy	兑	ukqb	队	bw	对	cf	怼	cfn
	憝	ybtn	碓	dwyg						
dun	墩	fyb	吨	kgb	蹲	khuf	敦	ybt	顿	gbnm
	囤	lgb	钝	qgbn	盾	rfh	遁	rfhp	沌	igb
	炖	ogbn	砘	dgb	盹	hgb	镦	qyb	趸	dnkh
duo	掇	rccc	哆	kqq	多	qq	夺	df	垛	fms
	躲	tmds	朵	ms	跺	khm	舵	tepx	剁	msj
	惰	nda	堕	bdef	咄	kbm	哚	kms	沲	itb
	缍	xtgf	铎	qcfh	裰	pucc	踱	khyc		

E

音	字	码	字	码	字	码	字	码	字	码
e	轭	ldb	腭	ekk	锇	qtrt	锷	qkkn	鹗	kkfg
	颚	kkfm	鳄	qgkn	蛾	jtr	鹅	trng	俄	wtr
	额	ptkm	讹	ywxn	娥	vtr	恶	gogn	厄	dbv
	扼	rdb	遏	jqwp	鄂	kkfb	饿	qnt	噩	gkkk
	谔	ykkn	垩	gogf	苊	adb	莪	atr	萼	akkn
	呃	kdb	愕	nkk	屙	nbs	婀	vbs		
ei	诶	yct								

en	恩	ldn	蒽	aldn	嗯	kldn				
	耳	bgh	尔	qiu	饵	qnbg	洱	ibg	二	fg
	贰	afm	佴	wbg	迩	qip	珥	gbg	铒	qbg
er	鸸	dmjg	鲕	qgdj	而	dmj	儿	qt		

F

音	字	码	字	码	字	码	字	码	字	码
fa	发	v	罚	ly	筏	twa	伐	wat	乏	tpi
	阀	uwa	法	if	珐	gfc	垡	waff	砝	dfcy
fan	藩	aitl	帆	mhm	番	tol	翻	toln	樊	sqqd
	矾	dmy	钒	qmyy	繁	txgi	凡	my	烦	odm
	反	rc	返	rcp	范	aib	贩	mr	犯	qtb
	饭	qnr	泛	itp	蕃	ato	蘩	atxi	幡	mhtl
	梵	ssm	燔	oto	畈	lrc	蹯	khtl		
fang	坊	fyn	芳	ay	方	yy	肪	eyn	房	yny
	防	by	妨	vy	仿	wyn	访	yyn	纺	xy
	放	yt	邡	ybh	彷	tyn	枋	syn	钫	qyn
	舫	teyn	鲂	qgyn						
fei	痱	udjd	蜚	djdj	篚	tadd	翡	djdn	霏	fdjd
	鲱	qgdd	菲	adjd	非	djd	飞	nui	肥	ec
	匪	adjd	诽	ydjd	吠	kdy	肺	egm	废	ynty
	沸	ixj	费	xjm	芾	agm	狒	qtx	悱	ndjd
	淝	iec	妃	vnn	绯	xdjd	榧	sadd	腓	edjd
	斐	djdy	扉	yndd	镄	qxj				
fen	吩	kwv	氛	rnw	分	wv	纷	xwv	坟	fy
	芬	awv	酚	sgwv	焚	sso	汾	iwv	粉	owv
	奋	dlf	份	wwv	忿	wvnu	愤	nfa	粪	oawu
	偾	wfa	瀵	iolw	玢	gwv	棼	sswv	鲼	qgfm
	鼢	vnuv								
feng	丰	dh	封	fffy	枫	smq	蜂	jtdh	峰	mtdh
	锋	qtdh	风	mq	疯	umq	烽	otdh	砜	dmqy
	冯	uc	缝	xtdp	讽	ymq	奉	dwf	凤	mc
	俸	wdwh	酆	dhdb	葑	afff	唪	kdw	沣	idh
fo	佛	wxj								
fou	否	gik	缶	rmk						
fu	罘	lgi	稃	tebg	馥	tjtt	蚨	jfw	蜉	jeb
	蝠	jgkl	蝮	jtjt	麸	gqfw	趺	khf	跗	khwf
	鳆	qgtt	佛	wxj	夫	fw	敷	geht	肤	efw
	孵	qytb	扶	rfw	拂	rxjh	辐	lgkl	氟	rnx
	符	twf	伏	wdy	俘	web	服	eb	浮	ieb
	涪	iuk	福	pygl	袱	puwd	弗	xjk	甫	geh
	抚	rfq	辅	lgey	俯	wywf	釜	wqfu	斧	wqr
	脯	ege	腑	eywf	腐	ywfw	赴	fhh	副	gklj
	覆	stt	赋	mga	复	tjt	傅	wge	付	wfy
	阜	wnnf	父	wqu	腹	etjt	负	qm	富	pgk

fu	讣	yhy	附	bwf	妇	vv	缚	xge	咐	kwf
	匐	qgk	凫	qynm	郛	ebb	芙	afwu	苻	awfu
	茯	awd	莩	aebf	菔	aebc	拊	rwf	呋	kfw
	幞	mho	怫	nxj	滏	iwq	艴	xjq	孚	ebf
	驸	cwf	绂	xdc	绋	xxj	桴	seb	赙	mge
	祓	pydc	砩	dxj	黻	oguc				

G

音	字	码	字	码	字	码	字	码	字	码
ga	噶	kaj	嘎	kdh	伽	wlk	尬	dnw	尕	eiu
	尜	idi	旮	vjf	钆	qnn				
gai	概	svc	钙	qgh	盖	ugl	溉	ivc	丐	ghn
	陔	bynw	改	nty	该	yynw				
gan	干	fggh	甘	afd	杆	sfh	柑	saf	竿	tfj
	肝	ef	赶	fhfk	感	dgkn	秆	tfh	敢	nb
	赣	ujt	坩	fafg	苷	aaf	尴	dnjl	擀	rfjf
	泔	iaf	淦	iqg	澉	inb	绀	xaf	橄	snb
	旰	jfh	矸	dfh	疳	uaf	酐	sgfh		
gang	刚	mqj	钢	qmqy	缸	rma	肛	ea	纲	xm
	岗	mmq	港	iawn	杠	sag	戆	ujtn	罡	lgh
	筻	tgjq	冈	mqi						
gao	篙	tymk	皋	rdfj	高	ym	膏	ypke	羔	ugo
	糕	ougo	搞	rym	镐	qym	稿	tym	告	tfkf
	睾	tlff	诰	ytfk	郜	tfkb	缟	xym	槔	srd
	槁	symk	杲	jsu	锆	qtfk				
ge	哿	rwgr	膈	egk	硌	dtk	虼	jtn	舸	tes
	骼	met	哥	sks	歌	sksw	搁	rutk	戈	agnt
	鸽	wgkg	胳	etk	疙	utn	割	pdhj	革	af
	葛	ajq	格	stk	蛤	jw	阁	utk	隔	bgk
	铬	qtk	个	wh	各	tk	鬲	gkmh	仡	wtn
	咯	lksk	圪	ftn	塥	fgk	嗝	kgkh		
gei	给	xw								
gen	根	sve	跟	khv	亘	gjgf	茛	ave	哏	kve
	艮	vei								
geng	耕	dif	更	gjq	庚	yvw	羹	ugod	埂	fgjq
	耿	bo	梗	sgjq	哽	kgjq	赓	yvwm	绠	xgjq
	鲠	qggq								
gong	工	a	攻	at	功	al	恭	awnu	龚	dxa
	供	waw	躬	tmdx	公	wc	宫	pkk	弓	xng
	巩	amy	汞	aiu	共	aw	肱	edc	蚣	jwc
	觥	qei								
gou	勾	qci	沟	iqc	苟	aqkf	狗	qtq	垢	fr
	构	sq	购	mqc	够	qkqq	佝	wqk	诟	yrg
	岣	mqk	遘	fjgp	媾	vfjf	缑	xwnd	枸	sqk
	觏	fjgq	彀	fpgc	笱	tqk	篝	tfjf	鞲	afff

gu	轱	ldg	牯	trdg	牿	trtk	臌	efkc	罟	ldf
	钴	qdg	锢	qldg	鸪	dqyg	鹄	tfkg	痼	uld
	蛄	jdg	酤	sgdg	觚	qer	鲴	qgld	鹘	meq
gu	辜	duj	菇	avd	咕	kdg	箍	trah	估	wd
	沽	idg	孤	br	姑	vd	鼓	fkuc	古	dgh
	蛊	jlf	骨	me	谷	wwk	股	emc	故	dty
	顾	db	固	ldd	雇	ynwy	诂	yd	菰	abr
	崮	mld	汩	ijg	梏	stfk				
gua	刮	tdjh	瓜	rcy	剐	kmwj	寡	pdev	挂	rffg
	褂	pufh	卦	ffhy	呱	krc	胍	erc	鸹	tdq
guai	乖	tfux	拐	rkl	怪	ncf				
guan	棺	spn	关	ud	官	pn	冠	pfqf	观	cm
	管	tp	馆	qnp	罐	rmay	惯	nxfm	灌	iaky
	贯	xfmu	倌	wpn	掼	rxf	涫	ipn	盥	qgil
	鹳	akkg	鳏	qgli						
guang	光	iq	广	yygt	逛	qtgp	咣	kiqn	犷	qtyt
	桄	siqn	胱	eiq						
gui	皈	rrcy	鲑	qgff	鳜	qgdw	瑰	grq	规	fwm
	圭	fff	硅	dff	归	jv	龟	qjn	闺	uffd
	轨	lv	鬼	rqc	诡	yqd	癸	wgd	桂	sff
	柜	san	跪	khqb	贵	khgm	刽	wfcj	匦	alv
	刿	mqjh	庋	yfc	宄	pvb	妫	vyly	炅	jou
	晷	jthk								
gun	辊	lj	滚	iuc	棍	sjxx	衮	uceu	绲	xjxx
	磙	duc	鲧	qgti						
guo	锅	qkm	郭	ybb	国	l	果	js	裹	yjse
	过	fp	埚	fkmw	掴	rlgy	呙	kmwu	帼	mhl
	崞	myb	猓	qtjs	椁	syb	虢	eflm	聒	btd
	蜾	jjs	蝈	jlg						

H

音	字	码	字	码	字	码	字	码	字	码
ha	哈	kwg	铪	qwgk						
hai	骸	mey	孩	bynw	海	itx	氦	rnyw	亥	yntw
	害	pd	骇	cynw	还	gip	嗨	kitu	胲	eynw
han	晗	jwyk	焓	owy	顸	fdmy	颔	wynm	蚶	jaf
	鼾	thlf	酣	sgaf	憨	nbtn	邯	afb	韩	fjfh
	含	wynk	涵	ibi	寒	pfj	函	bib	喊	kdgt
	罕	pwf	翰	fjw	撼	rdgn	捍	rjf	旱	jfj
	憾	ndgn	悍	njf	焊	ojf	汗	ifh	汉	ic
	邗	fbh	菡	abib	撖	rnbt	瀚	ifjn		
hang	夯	dlb	杭	sym	航	tey	行	tf	沆	iym
	绗	xtfh	颃	ymdm						
hao	壕	fyp	嚎	kyp	豪	ypeu	毫	ypt	郝	fob

hao	好	vb	耗	ditn	号	kgn	浩	itfk	蒿	aym
	薅	avdf	嗥	krdf	嚆	kayk	濠	iype	灏	ijym
	昊	jgd	皓	rtfk	颢	jyim	蚝	jtf		
he	曷	jqwn	盍	fclf	颌	wgkm	翮	gkmn	纥	xtnn
	呵	ksk	喝	kjq	荷	awsk	菏	aisk	核	synw
	禾	tttt	和	t	何	wsk	合	wgk	盒	wgkl
	貉	eetk	阂	uyn	河	isk	涸	ild	赫	fofo
	褐	pujn	鹤	pwy	贺	lkm	诃	ysk	劾	yntl
	壑	hpgf	嗬	kawk	阖	ufcl				
hei	嘿	klf	黑	lfo						
hen	痕	uve	很	tve	狠	qtv	恨	nv		
heng	亨	ybj	哼	kyb	横	sam	衡	tqdh	恒	ngj
	蘅	atqh	珩	gtf	桁	stfh				
hong	烘	oaw	虹	ja	鸿	iaqg	洪	iaw	宏	pdc
	弘	xcy	红	xa	轰	lcc	哄	kaw	黉	ipa
	訇	qyd	讧	yag	荭	axa	蕻	adaw	薨	alpx
	闳	udci	泓	ixc	珙	gaw				
hou	猴	qtw	吼	kbn	厚	djb	候	whn	后	rg
	堠	fwn	喉	kwnd	侯	wnt	後	txt	逅	rgkp
	瘊	uwn	篌	twn	骺	mer				
hu	呼	kt	乎	tuh	忽	qrn	瑚	gde	壶	fpo
	葫	ade	胡	de	蝴	jde	狐	qtr	糊	ode
	湖	ide	弧	xrc	虎	ha	唬	kham	护	ryn
	互	gx	沪	iyn	户	yne	冱	ugx	唿	kqrn
	囫	lqr	岵	mdg	猢	qtde	怙	ndg	惚	nqr
	浒	iytf	滹	ihah	琥	gham	槲	sqef	轷	ltuh
	烀	otu	煳	odeg	戽	ynuf	扈	ynkc	祜	pydg
	瓠	dfny	鹕	deq	笏	tqr	醐	sgde	斛	qeu
hua	花	awx	哗	kwx	华	wxf	猾	qtm	滑	ime
	画	gl	划	aj	化	wx	话	ytd	骅	cwx
	桦	swx	砉	dhdf	铧	qwx				
huai	槐	srq	徊	tlk	怀	ngi	坏	fgi	淮	iwy
	踝	khjs								
huan	欢	cqw	环	ggi	桓	sgjg	还	gip	缓	xef
	换	rq	患	kkhn	唤	kqm	痪	uqm	豢	udeu
	焕	oqm	涣	iqm	宦	pahh	幻	xnn	奂	qmd
	萑	awyf	擐	rlge	锽	trg	獾	qtay	洹	igj
	浣	ipfq	漶	ikkn	寰	plge	逭	pnhp	锾	qefc
	鲩	qgpq	鬟	dele						
huang	荒	aynq	慌	nay	黄	amw	磺	dam	蝗	jr
	簧	tamw	皇	rgf	凰	mrg	惶	nrgg	煌	or
	晃	ji	幌	mhjq	恍	niq	谎	yay	隍	brg
	湟	irgg	潢	iam	遑	rgp	璜	gamw	肓	ynef
	癀	uam	蟥	jam	篁	trgf	鳇	qgrg		

hui	挥	rpl	徽	tmgt	恢	ndo	蛔	jlk	回	lkd
	毁	va	悔	ntx	慧	dhd	卉	faj	惠	gjhn
	晦	jtx	灰	do	贿	mde	秽	tmq	会	wf
	烩	owf	汇	ian	讳	yfnh	诲	ytx	绘	xwf
	诙	ydo	茴	alkf	荟	awfc	蕙	agjn	咴	kdo
	哕	kmq	喙	kxe	隳	bdan	洄	ilk	浍	iwfc
	彗	dhdv	缋	xkhm	珲	gpl	桧	swf	晖	jplh
	恚	ffnu	虺	gqji	蟪	jgjn	麾	yssn		
hun	昏	qajf	婚	vq	魂	fcr	浑	ipl	混	ijxx
	诨	ypl	馄	qnjx	阍	uqaj	溷	iley	缳	xlge
huo	豁	pdhk	活	itd	伙	wo	火	oooo	获	aqt
	或	ak	惑	akgn	霍	fwyf	货	wxm	祸	pykw
	劐	awyj	藿	afwy	攉	rfwy	嚯	kfwy	夥	jsqq
	钬	qoy	锪	qqrn	镬	qawc	耠	diwk	蠖	jawc

J

音	字	码	字	码	字	码	字	码	字	码
ji	计	yf	记	yn	既	vca	忌	nnu	际	bf
	妓	vfc	继	xo	藉	adi	丌	gjk	亟	bkc
	乩	hkn	剞	dskj	佶	wfkg	诘	yfk	墼	gjff
	芨	aeyu	芰	afcu	蒺	autd	蕺	akbt	掎	rds
	叽	kmn	咭	kfkg	哜	kyj	唧	kvcb	岌	meyu
	嵴	miwe	洎	ithg	屐	ntfc	骥	cuxw	畿	xxal
	玑	gmn	楫	skb	殛	gqb	戟	fjat	戢	kbnt
	赍	fwwm	犄	trdk	齑	ydjj	矶	dmn	羁	lafc
	嵇	tdnm	稷	tlwt	瘠	uiwe	虮	jmn	笈	teyu
	笄	tgaj	暨	vcag	跻	khyj	跽	khnn	霁	fyj
	鲚	qgyj	鲫	qgvb	髻	defk	麂	ynjm	给	xw
	击	fmk	圾	fe	基	ad	机	sm	畸	lds
	稽	tdnj	积	tkw	箕	tadw	肌	em	饥	qnm
	迹	yop	激	iry	讥	ymn	鸡	cqy	姬	vah
	绩	xgm	缉	xkb	吉	fk	极	se	棘	gmii
	辑	lkb	籍	tdij	集	wys	及	ey	急	qvn
	疾	utd	汲	iey	即	vcb	嫉	vut	级	xe
	挤	ryj	几	mt	脊	iwe	己	nng	蓟	aqgj
	技	rfc	冀	uxl	季	tb	伎	wfcy	祭	wfi
	剂	yjjh	悸	ntb	济	iyj	寄	pds	寂	ph
jia	嘉	fkuk	枷	slk	夹	guw	佳	wffg	家	pe
	加	lk	荚	aguw	颊	guwm	贾	smu	甲	lhnh
	钾	qlh	假	wnh	稼	tpe	价	wwj	架	lks
	驾	lkc	嫁	vpe	椵	dnh	郏	guwb	葭	anhc
jia	岬	mlh	浃	igu	迦	lkp	珈	glk	戛	dha
	胛	elh	恝	dhvn	铗	qguw	镓	qpe	痂	ulkd
	蛱	jgu	笳	tlkf	袈	lkye	跏	khlk		

jian	囝	lb	湔	iue	蹇	pfjh	謇	pfjy	缣	xuvo
	枧	smqn	楗	svfp	戋	gggt	戬	goga	牮	warh
	犍	trvp	毽	tfnp	腱	evfp	睑	hwgi	锏	qujg
	鹣	uvog	裥	puuj	笕	tmqb	翦	uejn	趼	khga
	踺	khvp	鲣	qgjf	鞯	afa	歼	gqt	监	jtyl
	坚	jcf	尖	id	笺	tgr	间	ujd	煎	uejo
	兼	uvou	肩	yned	艰	cv	奸	vfh	缄	xdg
	茧	aju	检	sw	柬	glii	碱	ddg	硷	dwgi
	拣	ranw	捡	rwgi	简	tuj	俭	wwgi	剪	uejv
	减	udg	荐	adh	槛	sjt	鉴	jtyq	践	khg
	贱	mgt	见	mqb	键	qvfp	箭	tue	件	wrh
	健	wvfp	舰	temq	剑	wgij	饯	qngt	渐	ilr
	溅	imgt	涧	iujg	建	vfhp	僭	waqj	谏	ygli
	谫	yuev	菅	apnn	蒹	auvo	搛	ruvo		
jiang	姜	ugvf	将	uqf	浆	uqi	江	ia	疆	xfgg
	蒋	auqf	桨	uqs	讲	yfj	僵	wgl	匠	ar
	酱	uqsg	降	bt	茳	aia	洚	ita	缰	xglg
	耩	diff	糨	oxkj	豇	gkua	绛	xtah		
jiao	蕉	awyo	椒	shic	礁	dwyo	焦	wyo	胶	euqy
	交	uq	郊	uqb	浇	iat	骄	ctdj	娇	vtdj
	嚼	kelf	搅	ripq	铰	quq	矫	tdtj	侥	watq
	脚	efcb	狡	qtu	角	qe	饺	qnuq	缴	xry
	绞	xuq	剿	vjsj	教	ftbt	酵	sgfb	轿	ltd
	较	lu	叫	kn	窖	pwtk	佼	wuq	僬	wwyo
	艽	avb	茭	auqu	敫	ryty	皎	ruq	鹪	wyog
	蛟	juq	醮	sgwo	跤	khuq	鲛	qguq		
jie	揭	rjq	接	ruvg	皆	xxr	秸	tfkg	街	tffh
	阶	bwj	截	faw	劫	fcln	节	ab	桔	sfk
	杰	so	捷	rgv	睫	hgv	竭	ujqn	洁	ifk
	结	xfk	解	qev	姐	veg	戒	aak	藉	adi
	芥	awj	界	lwj	借	waj	介	wj	疥	uwj
	诫	yaah	届	nmd	偈	wjq	讦	yfh	拮	rfk
	喈	kxxr	嗟	kuda	婕	vgv	孑	bnhg	桀	qahs
	碣	djqn	疖	ubk	颉	fkdm	蚧	jwj	羯	udjn
	鲒	qgfk	骱	mew						
jin	妗	vwy	缙	xgoj	噤	kssi	馑	qnag	廑	yakg
	瑾	gakg	槿	sak	赆	mny	觐	akgq	衿	puwn
	矜	cbtn	巾	mhk	筋	telb	斤	rtt	金	qqqq
	今	wynb	津	ivfh	襟	pusi	紧	jc	锦	qrm
jin	仅	wcy	谨	yak	进	fj	靳	afr	晋	gogj
	禁	ssfi	近	rp	烬	ony	浸	ivp	尽	nyu
	劲	cal	卺	bigb	荩	anyu	堇	akgf		

jing	荆	aga	兢	dqd	茎	aca	睛	hg	晶	jjj
	鲸	qgy	京	yiu	惊	nyiy	精	oge	粳	ogj
	经	x	井	fjk	警	aqky	景	jy	颈	cad
	静	geq	境	fuj	敬	aqk	镜	quj	径	tca
	痉	uca	靖	uge	竟	ujq	竞	ukqb	净	uqv
	刭	caj	儆	waqt	阱	bfj	菁	agef	獍	qtuq
	憬	njy	泾	ica	迳	cap	弪	xcag	婧	vge
	肼	efj	胫	eca	腈	egeg	旌	yttg	炯	omk
	窘	pwvk	迥	mkp	扃	ynmk				
jiu	鬏	deto	揪	rtoy	究	pwv	纠	xnh	玖	gqy
	韭	djdg	久	qy	鹫	yidg	赳	fhnh	灸	qyo
	九	vt	酒	isgg	厩	dvc	救	fiyt	旧	hj
	臼	vth	舅	vll	咎	thk	就	yi	疚	uqy
	僦	wyi	啾	kto	阄	uqj	柩	saqy	桕	svg
	鸠	vqyg								
ju	惧	nhw	炬	oan	剧	ndj	倨	wnd	讵	yang
	苣	aan	苴	aeg	莒	akkf	掬	rqo	遽	haep
	屦	ntov	琚	gndg	椐	snd	榘	tdas	榉	siw
	橘	scbk	犋	trhw	飓	mqh	钜	qan	锔	qnnk
	窭	pwov	裾	pund	醵	sghe	踽	khty	龃	hwbg
	雎	egwy	鞠	afq	桔	sfk	拘	rqk	狙	qteg
	疽	ueg	居	nd	驹	cqk	菊	aqo	局	nnk
	咀	keg	矩	tda	举	iwf	沮	ieg	聚	bct
	拒	ran	据	rnd	巨	and	具	hw	距	khan
	锯	qnd	俱	whw	句	qkd				
juan	捐	rke	鹃	keqg	娟	vke	倦	wud	眷	udhf
	卷	udbb	绢	xke	鄄	sfbh	狷	qtke	涓	ıke
jue	桊	uds	蠲	uwlj	锩	qudb	镌	qwye		
	爝	oelf	镢	qduw	蹶	khdw	觖	qenw	角	qe
	橛	sduw	撅	rduw	攫	rhhc	抉	rnwy	掘	rnbm
	倔	wnbm	爵	elvf	觉	ipmq	决	unw	诀	ynwy
	绝	xqc	厥	dubw	劂	dubj	谲	ycbk	矍	hhwc
	蕨	aduw	噘	kduw	噱	khae	崛	mnbm	獗	qtdw
	孓	byi	珏	ggyy	桷	sqe				
jun	均	fqu	菌	alt	钧	qqug	军	pl	君	vtkd
	峻	mcw	俊	wcw	竣	ucw	浚	icwt	郡	vtkb
	骏	ccw	捃	rvt	皲	plh	筠	tfqu	隽	wyeb
	麇	ynjt								

K

音	字	码	字	码	字	码	字	码	字	码
ka	喀	kpt	咖	klk	卡	hhu	咯	ktk	佧	whh
	咔	khhy	胩	ehh						

kai	凯	mnm	慨	nvc	剀	mnj	垲	fmn	蒈	axxr
	忾	nrn	恺	nmn	铠	qmn	锎	quga	开	ga
	揩	rxxr	楷	sxx	锴	qxx				
kan	勘	adwl	坎	fqw	刊	fjh	堪	fad	看	rhf
	侃	wkq	莰	afqw	阚	unb	戡	adwa	龛	wgkx
	瞰	hnb								
kang	康	yvi	慷	nyv	糠	oyvi	糠	oyvi	扛	rag
	抗	rymn	亢	ymb	炕	oym	伉	wym	闶	uymv
	钪	qymn								
kao	烤	oft	靠	tfkd	尻	nvv	栲	sftn	犒	tryk
	铐	qftn								
ke	氪	rndq	瞌	hfcl	钶	qsk	锞	qjs	稞	tjs
	疴	usk	窠	pwjs	颏	yntm	蚵	jsk	柯	ssk
	蝌	jtu	髁	mejs	坷	fsk	苛	ask	壳	fpm
	棵	sjs	磕	dfcl	颗	jsd	科	tu	刻	yntj
	咳	kynw	可	sk	渴	ijq	克	dq	恪	ntk
	客	ptk	课	yjs	嗑	kfcl	岢	msk	轲	lsk
	溘	ifcl	骒	cjs	缂	xafh	珂	gsk		
ken	肯	he	啃	khe	垦	vef	恳	venu	裉	puve
keng	坑	fym	吭	kym	铿	qjcf				
kong	空	pw	恐	amyn	孔	bnn	控	rpw	倥	wpw
	崆	mpw	箜	tpw	抠	raq				
kou	口	kkkk	扣	rk	寇	pfqc	芤	abn	蔻	apfl
	叩	kbh	眍	haqy	筘	trk				
ku	枯	sd	哭	kkdu	窟	pwn	苦	adf	酷	sgtk
	库	ylk	裤	puy	刳	dfnj	堀	fnbm	喾	iptk
	绔	xdfn	骷	medg						
kua	夸	dfn	垮	fdfn	挎	rdfn	跨	khdn	胯	edfn
	侉	wdfn								
kuai	块	fnw	筷	tnnw	侩	wwfc	快	nnw	蒯	aeej
	郐	wfcb	哙	kwfc	狯	qtwc	脍	ewfc		
kuan	宽	pa	款	ffi	髋	mepq				
kuang	匡	agd	筐	tag	狂	qtg	框	sagg	矿	dyt
	眶	hagg	旷	jyt	况	ukq	诓	yagg	诳	yqt
	邝	ybh	圹	fyt	夼	dkj	哐	kagg	纩	xyt
	贶	mkq								
kui	聩	bkh	蝰	jdff	篑	tkhm	跬	khff	亏	fnv
	盔	dol	岿	mjv	窥	pwfq	葵	awgd	奎	dfff
	魁	rqcf	傀	wrqc	馈	qnk	愧	nrq	溃	ikh
	馗	vuth	匮	akhm	夔	uhtt	隗	brq	蒉	akhm
	揆	rwgd	喹	kdff	喟	kle	愦	nkhm	逵	fwfp
kui	暌	hwgd	暌	jwgd						
kun	坤	fjhh	昆	jxx	捆	rls	困	ls	悃	nls
	阃	ulsi	琨	gjxx	锟	qjxx	醌	sgjx	鲲	qgjx
	髡	degq								

kuo	括	rtd	扩	ry	廓	yyb	阔	uitd	栝	stdg
	蛞	jtdg								

L

音	字	码	字	码	字	码	字	码	字	码
la	垃	fug	拉	ru	喇	kgk	蜡	jaj	腊	eaj
	辣	ugk	啦	kru	剌	gkij	邋	vlqp	旯	jvb
	砬	dug	瘌	ugkj						
lai	莱	ago	来	go	赖	gkim	崃	mgo	徕	tgo
	涞	igo	濑	igkm	赉	gom	睐	hgo	铼	qgoy
	癞	ugkm	籁	tgkm						
lan	蓝	ajt	婪	ssv	栏	suf	拦	ruf	篮	tjtl
	阑	ugli	兰	uff	澜	iugi	谰	yug	揽	rjt
	懒	ngkm	缆	xjt	烂	oufg	滥	ijt	岚	mmqu
	漤	issv	榄	sjtq	斓	yugi	罱	lfmf	镧	qugi
	褴	pujl								
lang	琅	gyv	榔	syv	狼	qty	廊	yyv	郎	yvcb
	朗	yvc	浪	iyv	莨	aiye	啷	kyv	阆	uyv
	锒	qyve	稂	tyv	螂	jyv				
lao	捞	rap	劳	apl	牢	prh	老	ftx	佬	wft
	姥	vft	酪	sgtk	烙	otk	涝	iap	唠	kap
	崂	map	栳	sftx	铑	qftx	铹	qap	痨	uapl
	耢	dial	醪	sgne						
le	勒	afl	乐	qi	了	b	仂	wln	叻	kln
	泐	ibl	鳓	qgal						
lei	雷	flf	镭	qfl	蕾	aflf	磊	ddd	累	lx
	儡	wll	垒	cccf	擂	rfl	耒	dii	酹	sgef
leng	棱	sfw	冷	uwyc	塄	fly	愣	nly		
li	篥	tss	粝	odd	醴	sgmu	跞	khqi	雳	fdlb
	鲡	qggy	鳢	qgmu	黧	tqto	厘	djfd	梨	tjs
	犁	tjrh	黎	tqt	篱	tyb	狸	qtjf	离	yb
	漓	iybc	理	gj	李	sb	里	jfd	鲤	qgjf
	礼	pynn	莉	atj	荔	alll	吏	gkqi	栗	ssu
	丽	gmy	厉	ddn	励	ddnl	砾	dqi	历	dl
	利	tjh	傈	wss	例	wgq	俐	wtj	痢	utj
	立	uuuu	粒	oug	沥	idl	隶	vii	力	lt
	璃	gyb	哩	kjf	俪	wgmy	俚	wjf	郦	gmyb
	坜	fdl	苈	adl	莅	awuf	蓠	aybc	藜	atq
	呖	kdl	唳	kynd	喱	kdjf	猁	qtt	悝	njfg
	溧	issy	澧	ima	逦	gmyp	娌	vjfg	嫠	fit
	骊	cgm	缡	xyb	枥	sdl	栎	sqi	轹	lqi
li	戾	ynd	砺	dddn	詈	lyf	罹	lnwy	锂	qjf
	鹂	gmyg	疠	udnv	疬	udl	蛎	jdd	蜊	jtj
	蠡	xejj	笠	tuf						

lian	联	bu	俩	wgmw	蠊	jyu	鲢	qglp	莲	alp
	连	lpk	镰	qyuo	廉	yuvo	怜	nwyc	涟	ilp
	帘	pwm	敛	wgit	脸	ew	链	qlp	恋	yon
	炼	oanw	练	xan	奁	daq	潋	iwgt	濂	iyu
	琏	glp	楝	sgl	殓	gqw	臁	eyu	裢	pul
	裣	puwi								
liang	粮	oyve	凉	uyiy	梁	ivw	粱	ivwo	晾	jyiy
	良	yv	两	gmww	辆	lgm	量	jg	蔹	awgt
	亮	ypm	谅	yyi	墚	fiv	莨	ayv	魉	rqcw
	椋	syiy	踉	khye	靓	gem				
liao	撩	rdu	聊	bqt	僚	wdu	疗	ubk	燎	odui
	寥	pnw	辽	bpk	潦	idui	了	b	撂	rlt
	镣	qdu	廖	ynw	料	ou	蓼	anw	尥	dnq
	嘹	kdui	獠	qtdi	寮	pdu	缭	xdu	钌	qbh
lie	鹩	dujg	列	gq	裂	gqje	烈	gqjo	劣	itl
	猎	qta	冽	ugq	埒	fef	捩	rynd	咧	kgq
	洌	igq	趔	fhgj	躐	khvn	鬣	devn	躏	khay
lin	麟	ynjh	琳	gss	林	ss	磷	doq	霖	fss
	临	jty	邻	wycb	鳞	qgoh	淋	iss	凛	uyl
	赁	wtfm	吝	ykf	拎	rwyc	蔺	auwy	啉	kss
	鳞	qgo	廪	yyli	懔	nyli	遴	oqa	檩	syli
	辚	lo	膦	eo	瞵	hoq	粼	oqab		
ling	菱	afwt	零	fwyc	龄	hwbc	铃	qwyc	伶	wwyc
	羚	udwc	凌	ufwt	灵	vo	陵	bfw	岭	mwyc
	领	wycm	另	kl	令	wyc	酃	fkkb	苓	awyc
	呤	kwyc	囹	lwy	泠	iwyc	绫	xfw	珑	gdx
	玲	gwy	柃	swyc	棂	svo	瓴	wycn	聆	bwyc
	蛉	jwyc	翎	wycn	鲮	qgft				
liu	溜	iqyl	琉	gyc	榴	sqyl	硫	dyc	馏	qnql
	留	qyvl	刘	yj	瘤	uqyl	流	iyc	柳	sqt
	六	uy	浏	iyjh	遛	qyvp	骝	cqyl	绺	xthk
	旒	ytyq	熘	oqyl	锍	qycq	镏	qqyl	鹨	nweg
long	龙	dx	聋	dxb	咙	kdx	笼	tdx	窿	pwbg
	隆	btgg	垄	dxf	拢	rdx	陇	bdx	垅	fdx
	茏	adx	泷	idx	栊	sdx	胧	edx	砻	dxd
lou	楼	sov	娄	ov	搂	rov	篓	tov	漏	infy
	陋	bgm	偻	wov	蒌	aov	喽	kov	嵝	mov
	镂	qov	瘘	uov	耧	diov	蝼	jov	髅	meov
lu	芦	aynr	卢	hn	颅	hndm	庐	yyne	炉	oyn
	掳	rhal	卤	hlq	虏	halv	鲁	qgj	麓	ssyx
	碌	dvi	露	fkhk	路	kht	鹿	ynj	潞	ikhk
	禄	pyvi	录	vi	陆	bfm	戮	nwea	垆	fhnt
	撸	rqgj	噜	kqg	泸	ihn	渌	ivi	漉	iynx
	逯	vip	璐	gkhk	栌	shnt	橹	sqgj	轳	lhnt
	辂	ltk	辘	lynx	氇	tfnj	胪	ehnt	镥	qqgj

lu	鸬	hnq	鹭	khtg	簏	tynx	舻	teh	鲈	qghn
	驴	cyn	吕	kk	铝	qkk	侣	wkk	旅	ytey
	履	nttt	屡	nov	缕	xov	虑	han	氯	rnv
	律	tvfh	率	yx	滤	iha	绿	xv	捋	refy
	闾	ukkd	榈	sukk	膂	ytee	稆	tkk	褛	puv
luan	峦	yom	孪	yor	孪	yob	滦	iyos	卵	qyt
	乱	tdn	脔	yomw	娈	yov	栾	yos	鸾	yoq
	銮	yoqf								
lue	略	ltk	锊	qef	掠	ryiy				
lun	抡	rwx	轮	lwx	伦	wwx				
	仑	wxb	沦	iwx	纶	xwx	论	ywx	囵	lwxv
luo	萝	alq	螺	jlx	罗	lq	逻	lqp	锣	qlq
	箩	tlq	骡	clx	裸	pujs	落	aitk	洛	itk
	骆	ctk	络	xtk	倮	wjs	羸	ynky	荦	aprh
	摞	rlx	猡	qtlq	泺	iqi	漯	ilx	珞	gtk
	椤	slq	脶	ekm	镙	qlx	瘰	ulx	雒	tkwy

M

音	字	码	字	码	字	码	字	码	字	码
ma	妈	vc	麻	yss	玛	gcg	码	dcg	蚂	jcg
	马	cn	骂	kkc	嘛	ky	吗	kcg	唛	kgt
	犸	qtcg	嬷	vysc	杩	scg	蟆	jajd		
mai	埋	fjf	买	nudu	麦	gtu	卖	fnud	迈	dnp
	脉	eyni	劢	dnl	荬	anud	霾	feef		
man	瞒	hagw	馒	qnjc	蛮	yoj	满	iagw	蔓	ajlc
	曼	jlc	慢	nj	漫	ijlc	谩	yjlc	墁	fjlc
	幔	mhjc	缦	xjlc	熳	ojlc	镘	qjlc	颟	agmm
	螨	jagw	鳗	qgjc	鞔	afqq				
mang	芒	ayn	茫	aiy	盲	ynh	氓	ynna	忙	nynn
	莽	adaj	邙	ynbh	漭	iada	硭	dayn	蟒	jada
mao	蝥	cbtj	蟊	cbtj	髦	detn	猫	qtal	茅	acbt
	锚	qal	毛	tfn	矛	cbt	铆	qqt	卯	qtbh
	茂	adn	冒	jhf	帽	mhj	貌	eerq	贸	qyvm
	袤	ycbe	茆	aqtb	峁	mqtb	泖	iqtb	瑁	gjhg
	昴	jqtb	牦	trtn	耄	ftxn	旄	yttn	懋	scbn
	瞀	cbth								
me	么	tc								
mei	袂	pun	魅	rqci	玫	gt	枚	sty	梅	stx
	酶	sgtu	霉	ftxu	煤	oafs	没	im	眉	nhd
	媒	vaf	镁	qug	每	txg	美	ugdu	昧	jfi
	寐	pnhi	妹	vfi	媚	vnh	莓	atx	嵋	mnh
mei	猸	qtnh	湄	inh	楣	snh	镅	qnh	鹛	nhqg
men	门	uyh	闷	uni	们	wu	扪	run	焖	oun
	懑	iagn	钔	qun						

meng	萌	aje	蒙	apg	檬	sap	盟	jel	锰	qbl
	猛	qtbl	梦	ssq	孟	blf	勐	bll	甍	alpn
	瞢	alph	懵	nalh	朦	eap	礞	dap	虻	jyn
	蜢	jbl	蠓	jap	艋	tebl	艨	teae		
mi	眯	ho	醚	sgo	糜	ysso	迷	op	谜	yopy
	弥	xqi	米	oy	秘	tn	觅	emq	泌	int
	蜜	pntj	密	pntm	幂	pjdh	芈	gjgh	谧	yntl
	蘼	aysd	咪	koy	嘧	kpn	猕	qtxi	汨	ijg
	宓	pntr	弭	xbg	脒	eoy	祢	pyqi	敉	oty
	系	xiu	縻	yssi	麋	ynjo				
mian	棉	srm	眠	hna	绵	xrm	冕	jqkq	免	qkq
	勉	qkql	娩	vqk	缅	xdmd	面	dm	沔	igh
	渑	ikj	湎	idm	腼	edmd	眄	hgh	黾	kjn
miao	苗	alf	描	ralg	瞄	hal	藐	aee	秒	ti
	渺	ihit	庙	ymd	妙	vit	茑	aqyg	喵	kal
	邈	eerp	缈	xhi	杪	sit	眇	hit	鹋	alqg
mie	蔑	aldt	灭	goi	乜	nnv	咩	kud	篾	tldt
	蠛	jalt								
min	敏	txgt	悯	nuyy	民	n	抿	rna	皿	lhng
	闽	uji	苠	anab	岷	mnan	闵	uyi	泯	inan
	缗	xnaj	珉	gnan	愍	natn	鳘	txgg		
ming	明	je	螟	jpju	鸣	kqyg	铭	qqk	名	qk
	命	wgkb	冥	pjuu	茗	aqkf	溟	ipju	暝	jpju
	瞑	hpju	酩	sgqk						
miu	谬	ynwe	缪	xnwe						
mo	殁	gqmc	镆	qajd	秣	tgs	瘼	uajd	耱	diy
	貊	eed	貘	eea	麽	yssc	没	im	摸	rajd
	摹	ajdr	蘑	aysd	模	saj	膜	eajd	磨	yssd
	摩	yssr	魔	yssc	抹	rgs	末	gs	莫	ajd
	墨	lfof	默	lfod	沫	igs	漠	iaj	寞	paj
	陌	bdj	谟	yajd	茉	ags	蓦	ajdc	馍	qnad
	嫫	vajd								
mou	谋	yafs	牟	crh	某	afs	侔	wcr	哞	kcr
	眸	hcr	蛑	jcr	鍪	cbtq				
mu	拇	rxgu	牡	trfg	亩	ylf	姆	vx	母	xgu
	墓	ajdf	暮	ajdj	幕	ajdh	募	ajdl	慕	ajdn
	木	ssss	目	hhhh	睦	hfwf	牧	trt	穆	tri
	仫	wtc	坶	fxgu	苜	ahf	沐	isy	毪	tfnh
	钼	qhg								

N

音	字	码	字	码	字	码	字	码	字	码
na	拿	wgkr	哪	kvf	呐	kmw	钠	qmw	那	vfb
	娜	vvf	纳	xmw	捺	rdfi	肭	emw	镎	qwgr

nai	衲	pumw	氖	rne	乃	etn	奶	ve	耐	dmjf
	奈	dfi	鼐	ehnn	艿	aeb	萘	adfi	柰	sfiu
nan	南	fm	男	ll	难	cwy	喃	kfm	囡	lvd
	楠	sfm	腩	efm	蝻	jfm	郝	fob		
nang	囊	gkhe	攮	rgke	囔	kgke	馕	qnge	曩	jyke
nao	挠	ratq	脑	eyb	恼	nyb	闹	uym	淖	ihj
	孬	givb	垴	fybh	呶	kvc	猱	qtcs	瑙	gvt
	铙	qat	晓	jat						
ne	呢	knx	讷	ymw						
nei	馁	qne	内	mw						
nen	嫩	vgk	恁	wtfn	能	ce				
ni	泥	inx	妮	vnx	霓	fvqb	倪	wvqn	尼	nx
	拟	rny	你	wq	匿	aadk	腻	eaf	逆	ubtp
	溺	ixuu	伲	wnxn	坭	fnx	猊	qtvq	怩	nnx
	昵	jnx	旎	ytnx	慝	aadn	睨	hvqn	铌	qnx
	鲵	qgvq								
nian	蔫	agho	拈	rhkg	年	rh	碾	dna	撵	rfwl
	捻	rwyn	念	wynn	廿	aghg	埝	fwyn	辇	fwfl
	黏	twik	鲇	qghk	鲶	qgwn				
niang	娘	vyv	酿	sgye						
niao	鸟	qyng	尿	nii	嬲	llvl	脲	eniy	袅	qyne
nie	捏	rjfg	聂	bcc	孽	awnb	啮	khwb	镊	qbcc
	镍	qth	涅	ijfg	陧	bjfg	蘖	awns	嗫	kbcc
	颞	bccm	臬	ths	蹑	khb				
ning	您	wqin	柠	sps	狞	qtp	凝	uxt	宁	ps
	拧	rps	泞	ips	佞	wfv	咛	kps	聍	bps
niu	牛	rhk	扭	rnf	钮	qnf	纽	xnf	狃	qtnf
	忸	nnf	妞	vnf						
nong	脓	epe	浓	ipe	农	pei	弄	gaj	侬	wpe
	哝	kpe								
nu	奴	vcy	努	vcl	怒	vcn	弩	vcx	驽	vcmw
nue	虐	haag	疟	uagd						
nuo	挪	rvfb	懦	nfdj	糯	ofdj	诺	yad	偌	wad
	傩	wcwy	搦	rxuu	喏	kadk	锘	qadk		

O

音	字	码	字	码	字	码	字	码	字	码
o	哦	ktr	噢	ktmd						
ou	欧	aqqw	鸥	aqqg	殴	aqmc	藕	adiy	呕	kaqy
	偶	wjm	沤	iaq	讴	yaq	怄	naq	瓯	aqgn
	磲	dias	耦	dij						

P

音	字	码	字	码	字	码	字	码	字	码
pa	啪	krr	趴	khw	爬	rhyc	帕	mhr	怕	nr
	琶	ggc	葩	arc	粑	ocn	杷	scn	筢	trc
pai	拍	rrg	排	rdjd	牌	thgf	徘	tdjd	湃	ird
	派	ire	俳	wdjd	蒎	air	哌	kre		
pan	潘	itol	盘	tel	攀	sqqr	磐	temd	盼	hwv
	畔	luf	判	udjh	叛	udrc	爿	nhde	泮	iuf
	袢	puuf	襻	pusr	蟠	jtol	蹒	khaw		
pang	乓	rgyu	庞	ydxv	旁	upy	耪	diuy	胖	euf
	滂	iupy	逄	tahp	螃	jupy				
pao	抛	rvl	咆	kqn	刨	qnjh	炮	oqn	袍	puq
	跑	khq	泡	iqn	匏	dfnn	狍	qtqn	庖	yqn
	脬	eeb	疱	uqn						
pei	呸	kgi	胚	egi	培	fuk	裴	djde	赔	muk
	陪	buk	配	sgn	佩	wmg	沛	igmh	辔	xlxk
	帔	mhhc	旆	ytgh	锫	qukg	醅	sguk	霈	figh
pen	喷	kfam	盆	wvl	湓	iwvl				
peng	砰	dgu	抨	rguh	烹	ybou	澎	ifke	彭	fkue
	蓬	atdp	棚	seeg	硼	dee	篷	ttdp	膨	efke
	朋	ee	鹏	eeq	捧	rdw	碰	duo	堋	feeg
	嘭	kfke	怦	nguh	蟛	jfke				
pi	芘	axxb	擗	rnku	圮	fnn	鼙	fkuf	噼	knku
	庀	yxv	淠	ilgj	媲	vtl	纰	xxxn	枇	sxxn
	甓	nkun	睥	hrtf	罴	lfco	铍	qhc	癖	unku
	蚍	jxxn	蜱	jrtf	貔	eetx	坯	fgig	砒	dxxn
	霹	fnku	批	rxxn	披	rhc	劈	nkuv	琵	ggxx
	毗	lxx	啤	krt	脾	ert	疲	uhc	皮	hc
	匹	aqv	痞	ugi	僻	wnk	屁	nxx	譬	nkuy
	丕	gigf	仳	wxx	陂	bhc	陴	brt	邳	gigb
pian	篇	tyna	偏	wyna	片	thg	骗	cyna	谝	yyna
	骈	cu	翩	ynmn	蹁	khya				
piao	飘	sfiq	漂	isf	票	sfiu	瓢	sfiy	剽	sfij
	嘌	ksf	嫖	vsf	缥	xsf	殍	gqeb	瞟	hsf
	螵	jsf								
pie	撇	rumt	瞥	umih	苤	agi	氕	rntr		
pin	拼	rua	频	hid	贫	wvm	品	kkk	聘	bmg
	拚	rcah	姘	vua	嫔	vpr	榀	skk	牝	trx
ping	颦	hidf	乒	rgt	坪	fgu	苹	agu	平	gu
	凭	wtfm	瓶	uag	评	ygu	屏	nua	俜	wmgn
	娉	vmgn	枰	sgu	鲆	qgg				

po	坡	fhc	泼	inty	颇	hcdm	婆	ihcv	破	dhc
	魄	rrqc	迫	rpd	粕	org	叵	akd	鄱	tolb
	珀	grg	攴	hcu	钋	qhy	钷	qak	皤	rtol
	笸	takf								
pou	剖	ukjh	裒	yveu	掊	rukg				
pu	扑	rhy	仆	why	莆	agey	匍	aqgy	菩	aukf
	蒲	aigy	埔	fgey	朴	shy	圃	lgey	普	uogj
	浦	igey	谱	yuoj	曝	jja	瀑	ija	铺	qgey
	噗	kogy	溥	igef	濮	iwo	璞	gogy	氆	tfnj
	镤	qogy	镨	quoj	蹼	khoy				

Q

音	字	码	字	码	字	码	字	码	字	码
qi	期	adwe	欺	adww	栖	ssg	戚	dhi	妻	gv
	七	ag	凄	ugvv	漆	iswi	柒	ias	沏	iav
	其	adw	棋	sad	奇	dskf	歧	hfc	畦	lffg
	崎	mds	脐	eyj	齐	yjj	旗	yta	祈	pyr
	祁	pyb	骑	cds	起	fhn	岂	mn	乞	tnb
	企	whf	启	ynk	契	dvd	砌	dav	器	kkd
	气	rnb	迄	tnp	弃	yca	汽	irn	泣	iug
	讫	ytnn	亓	fjj	俟	wct	圻	frh	芑	anb
	芪	aqa	荠	ayjj	萁	aadw	萋	agv	葺	akb
	蕲	aujr	嘁	kdht	屺	mnn	岐	mfc	汔	itn
	淇	iadw	骐	cadw	绮	xds	琪	gad	琦	gds
	杞	snn	桤	smnn	槭	adht	耆	ftxj	祺	pya
	憩	tdtn	碛	dgm	颀	rdm	蛴	jyj	蜞	jad
	綦	adwi	綮	ynti	蹊	khed	鳍	qgfj	麒	ynjw
qia	掐	rqv	恰	nwgk	洽	iwgk	葜	adhd	袷	puwk
qian	髂	mepk	牵	dprh	扦	rtfh	钎	qtf	铅	qmk
	千	tfk	迁	tfp	签	twgi	仟	wtfh	谦	yuvo
	乾	fjt	黔	lfon	钱	qg	钳	qaf	前	ue
	潜	ifw	遣	khgp	浅	igt	谴	ykhp	堑	lrff
	嵌	mafw	欠	qw	歉	uvow	倩	wgeg	佥	wgif
	阡	btfh	芊	atfj	芡	aqw	荨	avf	掮	ryne
	岍	mgah	悭	njc	慊	nuvo	骞	pfjc	搴	pfjr
	褰	pfje	缱	xkhp	椠	lrs	肷	eqw	愆	tifn
	钤	qwyn	虔	hayi	箝	traf				
qiang	枪	swb	呛	kwb	腔	epw	羌	udnb	墙	ffuk
qiang	蔷	afuk	强	xk	抢	rwb	戕	nhda	嫱	vfuk
	樯	sfuk	戗	wbat	炝	owb	锖	qgeg	锵	quqf
	镪	qxkj	襁	puxj	蜣	judn	羟	udca	跄	khwb

qiao	橇	stf	锹	qto	敲	ymkc	悄	ni	桥	std
	瞧	hwy	乔	tdj	侨	wtd	巧	agnn	鞘	afie
	撬	rtfn	翘	atgn	峭	mieg	俏	wie	窍	pwan
	劁	wyoj	诮	yie	谯	ywyo	荞	atdj	峤	mtd
	愀	nto	憔	nwyo	樵	swyo	硗	dat	跷	khaq
	鞒	aftj								
qie	切	av	茄	alkf	且	eg	怯	nfcy	窃	pwav
	郄	qdc	惬	nag	妾	uvf	挈	dhvr	锲	qdhd
	箧	tagw	趄	fhe						
qin	钦	qqw	侵	wvp	亲	us	秦	dwt	琴	ggw
	勤	akgl	芹	arj	擒	rwyc	禽	wyb	寝	puvc
	沁	iny	芩	awyn	揿	rqqw	吣	kny	嗪	kdwt
	噙	kwyc	溱	idw	檎	swyc	锓	qvp	螓	jdwt
	衾	wyne								
qing	青	gef	轻	lc	氢	rnc	倾	wxd	氰	rnge
	卿	qtvb	清	igeg	擎	aqkr	晴	jge	苘	amk
	情	nge	顷	xd	请	yge	庆	yd	罄	fnmm
	圊	lged	檠	aqks	磬	fnmd	蜻	jgeg	黥	lfoi
	箐	tgef	謦	fnmy	鲭	qgge				
qiong	琼	gyiy	穷	pwl	邛	abh	茕	apn	穹	pwx
	蛩	amyj	銎	amyq						
qiu	秋	to	丘	rgd	邱	rgbh	球	gfiy	求	fiy
	囚	lwi	酋	usgf	泅	ilwy	俅	wfiy	巯	cay
	犰	qtvn	湫	itoy	逑	fiyp	遒	usgp	楸	stoy
	赇	mfi	虬	jnn	蚯	jrgg	蝤	jus	裘	fiye
	糗	othd	鳅	qgto	鼽	thlv				
quan	诖	yffg	圈	lud	颧	akk	权	scy	醛	sgag
	泉	riu	全	wg	痊	uwg	拳	udr	犬	dgty
	券	udv	劝	cl	诠	ywg	荃	awgf	悛	ncw
	绻	xudb	辁	lwgg	畎	ldy	铨	qwgg	蜷	judb
	筌	twgf	鬈	deub						
qu	朐	eqk	祛	pyfc	鸲	qkqg	癯	uhh	蛐	jma
	蠼	jhhc	麴	fwwo	瞿	hhwy	黢	lfot	趋	fhqv
	区	aq	蛆	jegg	曲	ma	躯	tmdq	屈	nbm
	驱	caq	渠	ians	取	bc	娶	bcv	龋	hwby
	趣	fhb	去	fcu	诎	ybmh	劬	qkl	蕖	aias
	蘧	ahap	岖	maq	衢	thhh	阒	uhd	璩	ghae
	觑	haoq	氍	hhwn						
que	缺	rmnw	炔	onw	瘸	ulkw	却	fcb	鹊	ajqg
	榷	spwy	确	dqe	雀	iwyf	阕	uwgd	阙	uub
	悫	fpmn	裙	puvk	群	vtkd	逡	cwt		

R

音	字	码	字	码	字	码	字	码	字	码
ran	然	qd	燃	oqdo	冉	mfd	染	ivs	苒	amf
	蚺	jmf	髯	dem						
rang	瓤	ykky	壤	fyk	攘	ryk	嚷	kyk	让	yhg
	禳	pyye								
rao	绕	xat	饶	qnaq	扰	rdnn	荛	aat	娆	vat
	桡	satq								
re	惹	adkn	热	rvyo						
ren	壬	tfd	仁	wfg	人	w	忍	vynu	韧	fnhy
	任	wtf	认	yw	刃	vyi	妊	vtf	纫	xvy
	荏	awtf	葚	aadn	饪	qntf	轫	lvy	稔	twyn
	衽	putf	扔	re	仍	we				
ri	日	jjjj								
rong	戎	ade	茸	abf	蓉	apwk	荣	aps	融	gkm
	熔	opw	溶	ipwk	容	pww	绒	xad	冗	pmb
	嵘	maps	狨	qtad	榕	spwk	肜	eet	蝾	japs
rou	揉	rcbs	柔	cbts	肉	mww	糅	ocbs	鞣	afcs
	蹂	khcs								
ru	茹	avk	蠕	jfdj	儒	wfdj	孺	bfd	如	vk
	辱	dfef	乳	ebn	汝	ivg	入	tyi	褥	pudf
	蓐	adff	薷	afdj	嚅	kfdj	洳	ivkg	溽	idff
	濡	ifdj	缛	xdff	铷	qvk	襦	pufj	颥	fdmm
ruan	软	lpwy	阮	bfq	朊	efq				
rui	蕊	ann	瑞	gmd	锐	quk	芮	amwu	蕤	aetg
	枘	smw	睿	hpgh	蚋	jmw				
run	闰	ug	润	iugg						
ruo	若	adk	弱	xu	箬	tadk				

S

音	字	码	字	码	字	码	字	码	字	码
sa	撒	rae	洒	is	萨	abu	卅	gkk	仨	wdg
	脎	eqs	飒	umqy						
sai	腮	elny	鳃	qgl	塞	pfjf	赛	pfjm	噻	kpff
san	三	dg	叁	cdd	伞	wuh	散	aet	馓	qnat
	毵	cden	霰	fae						
sang	桑	cccs	嗓	kcc	丧	fue	搡	rccs	磉	dcc
	颡	cccm								
sao	搔	rcyj	骚	ccyj	扫	rv	嫂	vvh	埽	fvp
	缫	xvj	缲	xkk	臊	ekks	瘙	ucyj	鳋	qgcj

se	瑟	ggn	色	qc	涩	ivy	啬	fulk	铯	qqcn
	穑	tfuk								
sen	森	sss								
seng	僧	wul								
sha	莎	aiit	砂	ditt	杀	qsu	刹	qsj	沙	iit
sha	纱	xitt	傻	wtlt	啥	kwfk	煞	qvt	唼	kuv
	嗄	kdht	挲	iitr	歃	tfv	铩	qqs	痧	uiit
	裟	iite	霎	fuv	鲨	iitg				
shai	筛	tjgh	晒	jsg	酾	sggy				
shan	嬗	vylg	骟	cynn	膻	eyl	钐	qet	疝	umk
	蟮	judk	舢	temh	跚	khmg	鳝	qguk	珊	gmmg
	苫	ahkf	杉	set	山	mmmm	删	mmgj	煽	oynn
	衫	pue	闪	uw	陕	bgu	擅	ryl	赡	mqd
	膳	eud	善	uduk	汕	imh	扇	ynnd	缮	xud
	剡	ooj	讪	ymh	鄯	udub	埏	fth	芟	amc
	潸	isse	姗	vmmg						
shang	赏	ipkm	墒	fum	伤	wtl	商	um	晌	jtm
	上	h	尚	imkf	裳	ipke	垧	ftm	绱	xim
	殇	gqtr	熵	oum	觞	qetr				
shao	烧	oat	梢	sie	稍	tie	芍	aqy	勺	qyi
	韶	ujv	少	it	哨	kie	邵	vkb	绍	xvk
	劭	vkl	潲	iti	杓	sqyy	筲	tief	艄	teie
she	奢	dft	赊	mwf	蛇	jpx	舌	tdd	赦	fot
	摄	rbcc	射	tmdf	慑	nbcc	涉	ihi	社	py
	设	ymc	厍	dlk	佘	wfiu	猞	qtwk	滠	ibcc
	畲	wfil	麝	ynjf						
shen	申	jhk	呻	kjhh	伸	wjhh	身	tmd	蜃	dfej
	糁	ocde	砷	djhh	深	ipw	娠	vdf	绅	xjh
	神	pyj	沈	ipq	审	pjh	婶	vpj	甚	adwn
	肾	jce	慎	nfh	渗	icd	诜	ytfq	谂	ywyn
	哂	ksg	渖	ipj	椹	sadn	胂	ejhh	矧	tdxh
sheng	声	fnr	生	tg	甥	tgll	牲	trtg	升	tak
	绳	xkjn	省	ith	盛	dnnl	剩	tuxj	胜	etg
	圣	cff	嵊	mtu	渑	tmgt	晟	jdn	笙	ttgf
shi	式	aa	示	fi	士	fghg	世	an	柿	symh
	事	gk	拭	raa	誓	rryf	逝	rrp	势	rvyl
	是	j	嗜	kftj	噬	kta	适	tdp	仕	wfg
	侍	wff	释	toc	饰	qnth	氏	qa	市	ymhj
	恃	nff	室	pgc	视	pym	试	yaa	收	nh
	谥	yuw	埘	fjfy	莳	ajfu	蓍	aftj	弑	qsa
	轼	laa	炻	odg	铈	qymh	螫	fotj	舐	tdqa
	筮	taw	豕	egt	鲺	qgn	师	jgm	失	rw

shi	狮	qtjh	施	ytb	湿	ijo	诗	yff	尸	nngt
	虱	ntj	十	fgh	石	dgtg	拾	rwgk	时	jf
	什	wfh	食	wyv	蚀	qnj	实	pu	识	ykw
	史	kq	矢	tdu	使	wgkq	屎	noi	驶	ckq
	始	vck								
shou	手	rt	首	uth	守	pf	寿	dtf	授	rep
	售	wyk	受	epc	瘦	uvh	兽	ulg	狩	qtpf
	绶	xep	艏	teu						
shu	蔬	anh	枢	saq	梳	syc	殊	gqr	抒	rcb
shu	输	lwg	叔	hic	舒	wfkb	淑	ihic	疏	nhy
	书	nnh	赎	mfn	孰	ybvy	熟	ybv	薯	alfj
	暑	jft	曙	jl	署	lftj	蜀	lqj	黍	twi
	鼠	vnu	属	ntk	术	sy	述	syp	树	scf
	束	gki	戍	dynt	竖	ucu	墅	jfcf	庶	yao
	数	ovt	漱	igkw	恕	vkn	倏	whtd	塾	ybvf
	菽	ahic	摅	rhan	沭	isyy	澍	ifkf	姝	vri
	纾	xcb	毹	wgen	腧	ewgj	殳	mcu	秫	tsy
	疋	nhi	翥	ftjn						
shua	刷	nmh	耍	dmjv	唰	knm				
shuai	率	yxif	摔	ryx	衰	ykge	甩	en	帅	jmh
	蟀	jyx								
shuan	栓	swg	拴	rwg	闩	ugd	涮	inm		
shuang	霜	fsh	双	cc	爽	dqq	孀	vfs		
shui	谁	ywyg	水	ii	睡	ht	税	tuk		
shun	吮	kcq	瞬	hep	顺	kd	舜	epqh		
shuo	说	yu	硕	ddm	朔	ubte	烁	oqi	蒴	aub
	搠	rub	妁	vqy	槊	ubts	铄	qqi		
si	斯	adwr	撕	rad	嘶	kad	思	ln	私	tcy
	司	ngk	丝	xxg	死	gqx	肆	dv	寺	ff
	嗣	kmak	四	lh	伺	wng	巳	nngn	厮	dadr
	兕	mmgq	厶	cny	咝	kxxg	汜	inn	泗	ilg
	澌	iadr	姒	vny	驷	clg	缌	xlny	祀	pynn
	锶	qln	鸶	xxgg	耜	dinn	蛳	jjg	笥	tng
	鲥	qgjf								
song	松	swc	耸	wwb	怂	wwn	颂	wcd	送	udp
	宋	psu	讼	ywc	诵	yceh	凇	uswc	菘	aswc
	崧	msw	嵩	mym	忪	nwcy	悚	ngki	淞	iswc
sou	竦	ugki	搜	rvhc	艘	tevc	擞	rovt	嗽	kgkw
	叟	vhc	薮	aovt	嗖	kvhc	嗾	kytd	馊	qnvc
	溲	ivh	飕	mqvc	瞍	hvhc	锼	qvhc	螋	jvhc
su	苏	alw	酥	sgty	俗	wwwk	素	gxi	速	gkip
	粟	sou	僳	wso	塑	ubtf	溯	iub	宿	pwdj

su	诉	yr	肃	vij	夙	mgq	谡	ylw	蔌	agk
	嗉	kgxi	愫	ngx	涑	igki	簌	tgkw	觫	qegi
	稣	qgty								
suan	酸	sgc	算	tha	狻	qtct				
sui	随	bde	绥	xev	髓	med	虽	kj	隋	bda
	碎	dyw	岁	mqu	穗	tgjn	遂	uep	隧	bue
	祟	bmf	谇	yyw	荽	aev	濉	ihw	邃	pwup
	燧	oue	眭	hff	睢	hwyg				
sun	孙	bi	损	rkm	笋	tvt	荪	abiu	狲	qtbi
	飧	qwye	榫	swyf						
suo	蓑	ayk	梭	scw	唆	kcw	缩	xpw	琐	gim
	索	fpx	锁	qim	所	rn	唢	kim	嗦	kfpi
	嗍	kub	娑	iitv	桫	sii	睃	hcw	羧	udct

T

音	字	码	字	码	字	码	字	码	字	码
ta	塌	fjn	他	wb	它	px	她	vbn	塔	fawk
	獭	qtgm	挞	rdp	蹋	khjn	踏	khij	闼	udpi
	溻	ijn	遢	jnp	榻	sjn	沓	ijf	趿	khey
tai	鳎	qgjn	胎	eck	苔	ack	抬	rck	台	ck
	泰	dwiu	酞	sgdy	太	dy	态	dyn	汰	idy
	邰	ckb	薹	afkf	呔	kdy	肽	edy	炱	cko
	钛	qdy	跆	khck	鲐	qgck				
tan	坍	fmyg	摊	rcwy	贪	wynm	瘫	ucwy	滩	icw
	坛	ffc	檀	syl	痰	uoo	潭	isj	谭	ysj
	谈	yoo	坦	fjg	毯	tfno	袒	pujg	碳	dmd
	探	rpws	叹	kcy	炭	mdo	郯	oob	昙	jfcu
	忐	hnu	钽	qjg	锬	qoo	镡	qsjh	覃	sjj
tang	汤	inr	塘	fyv	搪	ryv	堂	ipkf	棠	ipks
	膛	eip	唐	yvh	糖	oyvk	傥	wim	躺	tmdk
	淌	iim	趟	fhi	烫	inro	傥	wipq	帑	vcm
	饧	qnnr	惝	nimk	溏	iyvk	瑭	gyvk	樘	sip
	钖	qin	镗	qipf	耥	diik	螗	jyvk	螳	jip
	羰	udm	醣	sgyk						
tao	掏	rqr	涛	idt	滔	iev	绦	xts	萄	aqr
	桃	siq	逃	iqp	淘	iqr	陶	bqr	讨	yfy
	套	ddu	韬	iqfc	啕	kqrm	洮	iiq	韬	fnhv
	焘	dtfo	饕	kgne						
te	铽	qany	忒	ani	特	trf	疼	utu	忑	ghnu
teng	誊	udyf	滕	eudi	藤	aeu	腾	eud		
ti	梯	sux	剔	jqrj	踢	khj	锑	qux	提	rj
	题	jghm	蹄	khuh	啼	ku	体	wsg	替	fwf

ti	嚏	kfph	惕	njq	涕	iuxt	剃	uxhj	屉	nan
	倜	wmf	悌	nux	逖	qtop	绨	xuxt	缇	xjg
	鹈	uxhg	醍	sgj						
tian	天	gd	添	igd	填	ffh	田	llll	甜	tdaf
	恬	ntd	舔	tdgn	腆	ema	掭	rgdn	忝	gdn
	阗	ufh	殄	gqwe	畋	lty	窕	pwi		
tiao	挑	riq	迢	vkp	眺	hiq	跳	khi	佻	wiq
	苕	avkf	祧	pyiq	蜩	kmfk	笤	tvk	粜	bmo
	龆	hwbk	鲦	qgts	髫	dev				
tie	贴	mhkg	铁	qr	帖	mhh	萜	amhk	餮	gqwe
ting	厅	ds	听	kr	烃	oc	汀	ish	廷	tfpd
	停	wyp	亭	yps	庭	ytfp	挺	rtfp	艇	tet
	莛	atfp	葶	ayp	婷	vyp	梃	stfp	铤	qtfp
	蜓	jtfp	霆	ftf						
tong	通	cep	桐	smgk	酮	sgmk	瞳	hu	同	m
	铜	qmgk	彤	mye	童	ujff	桶	sce	捅	rce
tong	筒	tmgk	统	xyc	痛	uce	佟	wtuy	仝	waf
	茼	amg	嗵	kce	恸	nfcl	潼	iujf	砼	dwa
tou	偷	wwgj	投	rmc	头	udi	透	tep	骰	mem
tu	凸	hgm	秃	tmb	突	pwd	图	ltu	徒	tfhy
	途	wtp	涂	iwt	屠	nft	土	ffff	吐	kfg
	兔	qkqy	堍	fqk	荼	awt	菟	aqky	钍	qfg
tuan	酴	sgwt	湍	imdj	团	lfte	抟	rfn	彖	xeu
	疃	luj								
tui	推	rwy	颓	tmdm	腿	eve	蜕	juk	褪	puvp
	退	vep	煺	ovep						
tun	吞	gdk	屯	gb	臀	nawe	氽	wiu	饨	qngn
	暾	jybt	豚	eey						
tuo	鸵	qynx	陀	bpx	驮	cdy	拖	rtb	脱	euk
	托	rtan	驼	cpx	椭	sbd	妥	ev	拓	rd
	唾	ktg	乇	tav	佗	wpx	坨	fpxn	庹	yany
	沱	ipx	柝	sryy	柁	spx	橐	gkhs	砣	dpx
	铊	qpx	箨	trch	酡	sgp	跎	khpx	鼍	kkln

W

音	字	码	字	码	字	码	字	码	字	码
wa	挖	rpwn	哇	kff	洼	iffg	娃	vff	蛙	jff
	瓦	gny	袜	pug	佤	wgn	娲	vkm	腽	ejl
wai	歪	gig	外	qh	崴	mdgt				
wan	豌	gpq	脘	epf	畹	lpq	蜿	jpq	豌	gkub
	弯	yox	湾	iyo	玩	gfq	顽	fqd	丸	vyi
	烷	opf	完	pfq	碗	dpq	挽	rqkq	晚	jq

wan	皖	rpf	惋	npqb	宛	pqb	婉	vpq	万	dnv
	腕	epq	剜	pqbj	芄	avy	莞	apfq	菀	apqb
	纨	xvyy	绾	xpn						
wang	汪	ig	王	gggg	亡	ynv	枉	sgg	网	mqq
	往	tyg	旺	jgg	望	yneg	忘	ynnu	妄	ynvf
	罔	muy	惘	nmu	辋	lmu	魍	rqcn		
wei	畏	lge	喂	klg	魏	tvr	位	wug	渭	ile
	谓	yle	尉	nfif	慰	nfi	卫	bg	偎	wlge
	诿	ytv	隈	blge	圩	fgf	葳	adgt	薇	atm
	味	kfi	帏	mhf	帷	mhw	嵬	mrq	猥	qtle
	猬	qtle	闱	ufn	沩	iyl	洧	ideg	涠	ilf
	浼	iqkq	逶	tvp	娓	vntn	玮	gfn	韪	jghh
	軎	gjfk	炜	ofn	煨	olg	痿	utv	艉	ten
	鲔	qgde	威	dgv	巍	mtv	微	tmg	危	qdb
	韦	fnh	违	fnhp	桅	sqd	围	lfnh	唯	kwyg
	惟	nwy	为	o	潍	ixwy	维	xwy	苇	afn
	萎	atv	委	tv	伟	wfn	伪	wyl	尾	ntf
	纬	xfnh	未	fii	蔚	anf				
wen	瘟	ujl	温	ijl	璺	wfm	蚊	jyy	文	yygy
wen	闻	ub	纹	xyy	吻	kqr	稳	tqv	紊	yxiu
	问	ukd	刎	qrj	阌	uepc	汶	iyy	雯	fyu
weng	嗡	kwc	翁	wcn	瓮	wcg	蓊	awc	蕹	ayxy
wo	挝	rfp	蜗	jkm	涡	ikm	窝	pwkw	我	q
	斡	fjwf	卧	ahnh	握	rng	沃	itdy	倭	wtv
	莴	akm	喔	kngf	幄	mhnf	渥	ing	肟	efn
	硪	dtr	龌	hwbf						
wu	巫	aww	呜	kqng	乌	qng	污	ifn	诬	yaw
	屋	ngc	无	fq	芜	afqb	梧	sgk	吾	gkf
	吴	kgd	毋	xde	武	gah	五	gg	捂	rgkg
	午	tfj	舞	rlg	伍	wgg	侮	wtx	坞	fqng
	戊	dnyt	雾	ftl	晤	kgk	物	tr	勿	qre
	务	tl	悟	ngkg	误	ykg	兀	gqv	仵	wtfh
	阢	bgq	邬	qngb	圬	ffn	芴	aqrr	唔	kgkg
	庑	yfq	怃	nfq	忤	ntfh	浯	igkg	寤	pnhk
	迕	tfp	妩	vfq	婺	cbtv	骛	cbtc	杌	sgqn
	牾	trgk	焐	ogk	鹉	gahg	鹜	cbtg	痦	ugkd
	蜈	jkg	鋈	itdq	鼯	vnuk				

X

音	字	码	字	码	字	码	字	码	字	码
xi	昔	ajf	熙	ahko	析	sr	西	sghg	硒	dsg
	矽	dqy	晰	jsr	嘻	kfk	吸	ke	锡	qjr
	牺	trs	稀	tqd	息	thn	希	qdm	悉	ton

xi	膝	esw	夕	qtny	惜	najg	熄	othn	烯	oqd
	溪	iex	汐	iqy	犀	nir	檄	sry	袭	dxy
	席	yam	习	nu	媳	vthn	喜	fku	铣	qtfq
	洗	itf	系	txi	隙	bij	戏	ca	细	xl
	僖	wfkk	兮	wgnb	隰	bjx	郗	qdmb	茜	asf
	菥	asr	葸	alnu	蓰	ath	奚	exd	唏	kqd
	徙	thh	饩	qnrn	阋	uvq	浠	iqdh	淅	isr
	屣	nthh	嬉	vfk	玺	qig	樨	snih	曦	jug
	觋	awwq	欷	qdmw	歙	wgkw	熹	fkuo	禊	pydd
	禧	pyfk	皙	srrf	穸	pwqu	裼	pujr	蜥	jsr
	螅	jthn	蟋	jto	舄	vqo	舾	tesg	羲	ugtt
	粞	osg	翕	wgkn	醯	sgyl	鼷	vnud		
xia	瞎	hpd	虾	jghy	匣	alk	霞	fnhc	辖	lpdk
	暇	jnh	峡	mgu	侠	wgu	狭	qtgw	下	gh
	厦	ddh	夏	dht	吓	kgh	呷	klh	狎	qtl
	遐	nhf	瑕	gnh	柙	slh	硖	dguw	瘕	unh
	罅	rmhh	黠	lfok						
xian	掀	rrq	锨	qrq	先	tfq	仙	wm	鲜	qgu
	纤	xtf	咸	dgk	贤	jcm	衔	tqf	舷	teyx
	闲	usi	涎	ithp	弦	xyx	嫌	vu	显	jo
	险	bwg	现	gm	献	fmud	县	egc	腺	eri
xian	馅	qnqv	羡	ugu	宪	ptf	陷	bqv	限	bv
	线	xg	冼	utf	苋	amq	莶	awgi	藓	aqgd
	岘	mmqn	猃	qtwi	暹	jwyp	娴	vus	氙	rnm
	燹	eeo	祆	pygd	鹇	usqg	痫	uusi	蚬	jmq
	筅	ttfq	籼	omh	酰	sgtq	跣	khtq	跹	khtp
xiang	魈	rqce	饷	qntk	庠	yudk	骧	cyk	缃	xsh
	蟓	jqj	鲞	udqg	飨	xtw	降	bt	相	sh
	厢	dsh	镶	qyk	香	tjf	箱	tsh	乡	
	翔	udng	祥	pyu	详	yud	想	shn	响	ktm
	享	ybf	项	adm	巷	awn	橡	sqj	像	wqj
	向	tm	象	qje	芗	axt	葙	ash		
xiao	萧	avi	硝	die	霄	fie	削	iej	哮	kft
	嚣	kkd	销	qie	消	iie	宵	pie	淆	iqd
	晓	jat	小	ih	孝	ftb	校	suq	肖	ie
	啸	kvi	笑	ttd	效	uqt	哓	kat	崤	mqde
	潇	iavj	逍	iep	骁	catq	绡	xie	枭	qyns
	枵	skg	蛸	jie	筱	twh	箫	tvij		
xie	楔	sdh	些	hxf	歇	jqw	蝎	jjq	鞋	afff
	协	fl	挟	rgu	携	rwye	邪	ahtb	斜	wtuf
	胁	elw	谐	yxxr	写	pgn	械	sa	卸	rhb
	蟹	qevj	懈	nqe	泄	iann	泻	ipgg	谢	ytmf
	屑	nied	偕	wxxr	亵	yrve	勰	llln	燮	oyoc
	薤	agqg	撷	rfkm	獬	qtqh	廨	yqe	渫	ians

xie	瀣	ihq	邂	qevp	绁	xann	缬	xfkm	榭	stm
	榍	sni	躞	khoc						
xin	薪	ausr	芯	anu	锌	quh	欣	rqw	辛	uygh
	新	usr	忻	nrh	心	ny	信	wy	衅	tlu
	囟	tlqi	馨	fnm	莘	auj	狺	qtyg	昕	jrh
xing	歆	ujqw	鑫	qqq	省	ith	星	jtg	腥	ejtg
	猩	qtjg	惺	njt	兴	iw	刑	gajh	型	gajf
	形	gae	邢	gab	行	tf	醒	sgj	幸	fuf
	杏	skf	性	ntg	姓	vtg	陉	bca	荇	atfh
	擤	rthj	悻	nfuf	硎	dgaj				
xiong	兄	kqb	凶	qb	胸	eq	匈	qqb	汹	iqbh
	雄	dcwy	熊	cexo	芎	axb				
xiu	休	ws	修	wht	羞	udn	朽	sgnn	嗅	kthd
	锈	qten	秀	te	袖	pum	绣	xten	咻	kws
	岫	mmg	馐	qnuf	庥	ywsi	溴	ithd	鸺	wsq
xu	貅	eew	髹	dews	溆	iwtc	顼	gdmy	栩	sng
	煦	jqko	盱	hgf	胥	nhe	糈	onhe	醑	sgne
	墟	fhag	戌	dgnt	需	fdm	虚	hao	嘘	khag
	须	ed	徐	twt	许	ytf	蓄	ayx	酗	sgqb
	叙	wtc	旭	vj	序	ycb	畜	yxl	恤	ntl
	絮	vkx	婿	vnhe	绪	xft	续	xfn	诩	yng
	勖	jhl	蓿	apwj	洫	itlg				
xuan	痃	uyx	轩	lf	喧	kpg	铉	qyx	镟	qyth
	宣	pgj	悬	egcn	旋	ytn	玄	yxu	选	tfqp
	癣	uqg	眩	hyx	绚	xqj	儇	wlge	萱	apgg
	揎	rpg	泫	iyx	渲	ipgg	炫	oyx	煊	opg
	碹	dpgg								
xue	学	ip	穴	pwu	雪	fv	血	tld	谑	yhag
	泶	ipi	踅	rrkh	鳕	qgfv				
xun	浔	ivfy	曛	jtgo	醺	sgto	鲟	qgv	勋	kml
	恂	nqj	洵	iqj	熏	tgl	循	trfh	旬	qj
	询	yqj	寻	vf	驯	ckh	巡	vp	殉	gqq
	汛	inf	训	yk	逊	bip	迅	nfp	巽	nna
	郇	qjb	埙	fkmy	荀	aqj	蕈	asjj	薰	atgo
	峋	mqjg	徇	tqj	獯	qtto				

Y

音	字	码	字	码	字	码	字	码	字	码
ya	压	dfy	押	rl	鸦	ahtg	鸭	lqy	呀	ka
	丫	uhk	芽	aah	牙	ah	蚜	jah	崖	mdff
	衙	tgk	涯	idf	雅	ahty	哑	kgo	亚	gog
	讶	yah	伢	wah	垭	fgo	揠	rajv	岈	mah
	迓	ahtp	娅	vgo	琊	gahb	桠	sgog	氩	rngg
	砑	dah	睚	hd	痖	ugog				

yan	焉	ghgo	咽	kld	阉	udjn	烟	ol	淹	idj
	盐	fhl	严	god	研	dga	蜒	jthp	岩	mdf
	延	thp	言	yyy	颜	utem	阎	uqvd	炎	oo
	沿	imk	奄	djn	掩	rdjn	眼	hv	衍	tif
	演	ipg	艳	dhq	堰	fajv	燕	au	厌	ddi
	砚	dmq	雁	dww	唁	kyg	彦	uter	焰	oqv
	宴	pjv	谚	yut	验	cwg	厣	ddl	赝	dwwm
	俨	wgo	偃	wajv	兖	ucq	谳	yfm	郾	ajv
	鄢	ghgb	芫	afqb	菸	aywu	崦	mdj	恹	nddy
	闫	udd	瘀	uywu	湮	isfg	滟	idhc	妍	vga
	嫣	vgh	琰	goo	檐	sqdy	晏	jpv	胭	eld
	焱	ooou	罨	ldjn	筵	pwxl	筵	tthp	酽	sggd
	魇	ddr	餍	ddw	鼹	vnuv				
yang	殃	gqm	央	md	鸯	mdq	秧	tmdy	杨	sn
	扬	rnr	佯	wudh	疡	unr	羊	udj	洋	iud
	阳	bj	氧	rnu	仰	wqbh	痒	uud	样	su
	养	udyj	漾	iugi	徉	tud	怏	nmdy	泱	imdy
	炀	onrt	烊	oud	恙	ugn	鞅	afmd		
yao	邀	rytp	腰	esv	妖	vtd	瑶	ger	尧	atgq
	遥	er	窑	pwr	谣	yer	姚	viq	咬	kuq
	舀	evf	药	ax	要	s	耀	iqny	夭	tdi
	爻	qqu	吆	kxy	崾	msv	徭	term	幺	xnny
	珧	giq	杳	sjf	轺	lvk	曜	jnw	肴	qde
yao	铫	qiq	鹞	ermg	繇	ermi	鳐	qgem		
ye	椰	sbb	噎	kfp	耶	bbh	爷	wqb	野	jfc
	冶	uck	也	bn	页	dmu	掖	ryw	业	og
	叶	kf	曳	jxe	腋	eywy	夜	ywt	液	iyw
	靥	dddl	谒	yjq	邺	ogb	揶	rbb	晔	jwx
	烨	owx	铘	qahb						
yi	一	g	壹	fpg	医	atd	揖	rib	铱	qye
	依	wye	伊	wvt	衣	ye	颐	ahkm	夷	gxw
	遗	khgp	移	tqq	仪	wyq	胰	egx	疑	xtdh
	沂	irh	宜	peg	姨	vg	彝	xgo	椅	sds
	蚁	jyq	倚	wds	已	nnnn	乙	nnll	矣	ctd
	以	c	艺	anb	抑	rqb	易	jqr	邑	kcb
	屹	mtnn	亿	wn	役	tmc	臆	euj	逸	qkqp
	肄	xtdh	疫	umc	亦	you	裔	yem	意	ujn
	毅	uem	忆	nn	义	yq	益	uwl	溢	iuw
	诣	yxj	议	yyq	谊	ype	译	ycf	异	naj
	翼	nla	翌	nuf	绎	xcf	刈	qjh	劓	thlj
	佚	wrw	佾	wwe	诒	yck	圯	fnn	埸	fjq
	懿	fpgn	苡	anyw	荑	agx	薏	aujn	弈	yoa
	奕	yod	挹	rkc	弋	agny	呓	kan	咦	kgx

yi	咿	kwvt	嗌	kuw	噫	kujn	峄	mcf	嶷	mxt
	猗	qtdk	饴	qnc	怿	ncfh	怡	nck	悒	nkc
	漪	iqtk	迤	tbp	驿	ccf	缢	xuw	殪	gqfu
	轶	lrw	贻	mck	欹	dskw	旖	ytdk	熠	onrg
	眙	hck	钇	qnn	镒	quw	镱	qujn	痍	ugxw
	瘗	uguf	癔	uujn	翊	ung	蜴	jjqr	舣	teyq
	羿	naj	翳	atdn	酏	sgb	黟	lfoq		
yin	洇	ildy	氤	rnl	铟	qldy	夤	qpgw	瘾	ubq
	窨	pwuj	蚓	jxh	霪	fief	龈	hwbe	茵	ald
	因	ld	殷	rvn	音	ujf	阴	be	姻	vld
	吟	kwyn	银	qve	淫	iet	寅	pgm	饮	qnq
	尹	vte	引	xh	隐	bqv	印	qgb	胤	txen
	鄞	akgb	垠	fvey	堙	fsfg	茚	aqgb	吲	kxh
	喑	kuj								
ying	英	amd	樱	smmv	婴	mmv	鹰	ywwg	应	yid
	缨	xmm	莹	apgy	萤	apj	营	apkk	荧	apo
	蝇	jk	迎	qbp	赢	ynky	盈	ecl	影	jyie
	颖	xtd	硬	dgj	映	jmd	嬴	ynky	郢	kgbh
	茔	apff	荥	api	莺	apq	萦	apx	蓥	apqf
	撄	rmm	嘤	kmm	膺	ywwe	滢	iapy	潆	iapi
	瀛	iyny	瑛	gam	璎	gmmv	楹	secl	媵	eudv
	鹦	mmvg	瘿	ummv	颍	xidm	蝆	jud	罂	mmrm
yo	哟	kxq	唷	kyc						
yong	拥	reh	佣	weh	臃	eyx	踊	khc	蛹	jceh
	痈	uek	庸	yveh	雍	yxt	勇	cel	用	et
	泳	iyni	永	yni	恿	cen	喁	kjm	慵	nyvh
	俑	wce	壅	yxtf	墉	fyvh	鳙	qgyh	饔	yxte
	邕	vkc	镛	qyvh	甬	cej				
you	幽	xxm	优	wdn	悠	whtn	忧	ndn	由	mh
	邮	mb	铀	qmg	犹	qtdn	油	img	游	iytb
	酉	sgd	有	e	友	dc	右	dk	佑	wdk
	釉	tom	诱	yte	又	cccc	幼	xln	卣	hln
	攸	whty	侑	wde	莠	ate	莜	awh	莸	aqtn
	尢	dnv	呦	kxl	囿	lde	宥	pdef	柚	smg
	猷	usgd	牖	thgy	铕	qdeg	疣	udnv	蚰	jmg
	蚴	jxl	蝣	jytb	鱿	qgd	黝	lfol	鼬	vnum
yu	毓	txgq	伛	waqy	俣	wkgd	谀	yvwy	谕	ywgj
	萸	avwu	蓣	acbm	揄	rwgj	圄	lgkd	圉	lfuf
	嵛	mwgj	狳	qtwt	饫	qntd	馀	qnw	庾	yvw
	阈	uak	鬻	xoxh	妪	vaq	妤	vcbh	纡	xgf
	瑜	gwg	昱	juf	觎	wgeq	腴	evw	欤	gngw
	於	ywu	煜	oju	燠	otm	聿	vfhk	钰	qgyy
	鹆	wwkg	鹬	cbtg	瘐	uvw	瘀	uywu	窬	pwwj
	窳	pwry	蜮	jak	蝓	jwgj	竽	tgf	臾	vwi

yu	舁	vaj	雩	ffnbn	龉	hwbk	迂	gfp	淤	iywu
	于	gf	盂	blf	榆	swgj	虞	hakd	愚	jmhn
	舆	wfl	余	wtu	俞	wgej	逾	wgep	鱼	qgf
	愉	nwg	渔	iqgg	隅	bjm	予	cbj	娱	vkgd
	雨	fghy	与	gn	屿	mgn	禹	tkm	宇	pgf
	语	ygk	羽	nny	玉	gy	域	fakg	芋	agf
	郁	deb	吁	kgfh	遇	jm	喻	kwgj	峪	mwwk
	御	trh	愈	wgen	欲	wwkw	狱	qtyd	育	yce
	誉	iwyf	浴	iww	寓	pjm	裕	puw	预	cbd
	豫	cbq	驭	ccy	禺	jmhy				
yuan	鸳	qbq	渊	ito	冤	pqk	元	fqb	垣	fgjg
	袁	fke	原	dr	援	ref	辕	lfk	园	lfq
	员	km	圆	lkmi	猿	qtfe	源	idr	缘	xxe
	远	fqp	苑	aqb	愿	drin	怨	qbn	院	bpf
	垸	fpf	塬	fdr	掾	rxe	圜	llg	沅	ifq
	媛	vefc	瑗	gefc	橼	sxxe	爰	eft	眢	qbhf
	鸢	aqyg	螈	jdr	箢	tpq	鼋	fqkn		
yue	曰	jhng	约	xq	越	fha	跃	khtd	钥	qeg
	岳	rgm	粤	tlo	月	eeee	悦	nuk	阅	uuk
	龠	wgka	瀹	iwga	樾	sfht	刖	ejh	钺	qant
	乐	qi								
yun	耘	difc	云	fcu	郧	kmb	匀	qu	陨	bkm
	允	cq	运	fcp	蕴	axj	晕	jp	韵	ujqu
	酝	sgf	孕	ebf	郓	plb	芸	afcu	狁	qtc
	恽	npl	愠	njlg	纭	xfc	韫	fnhl	殒	gqk
	昀	jqu	氲	rnjl	熨	nfio				

Z

音	字	码	字	码	字	码	字	码	字	码
za	匝	amh	砸	damh	杂	vs	拶	rvq		
zai	哉	fak	灾	po	宰	puj	载	fa	再	gmf
	在	d	崽	mln	甾	vlf	栽	fas		
zan	咱	kth	攒	rtfm	暂	lrj	赞	tfqm	瓒	gtfm
	昝	thj	簪	taq	糌	othj	趱	fht	錾	lrq
zang	赃	myf	脏	eyf	葬	agq	奘	nhdd	驵	ceg
	臧	dnd								
zao	遭	gmap	糟	ogmj	凿	ogu	藻	aik	枣	gmiu
	早	jh	澡	ikk	蚤	cyj	躁	khks	噪	kkks
	造	tfkp	皂	rab	灶	of	燥	okk	唣	kra
ze	责	gmu	择	rcf	则	mj	泽	icf	仄	dwi
	赜	ahkm	啧	kgm	帻	mhgm	迮	thfp	昃	jdw
	箦	tgmu	舴	tetf						

zeng	增	fu	憎	nul	曾	ul	赠	mu	缯	xul
	甑	uljn	罾	lul	锃	qkg				
zha	扎	rnn	喳	ksj	渣	isjg	札	snn	轧	lnn
	铡	qmj	闸	ulk	眨	htp	栅	smm	榨	spw
	咋	kthf	炸	oth	诈	yth	揸	rsj	吒	ktan
	咤	kpta	哳	krrh	楂	ssj	砟	dth	痄	uthf
	蚱	jthf	齄	thlg						
zhai	摘	rum	斋	ydm	宅	pta	窄	pwtf	债	wgmy
	寨	pfjs	砦	hxd	瘵	uwf				
zhan	瞻	hqd	毡	tfnk	詹	qdw	粘	oh	沾	ihk
	盏	glf	斩	lr	辗	lna	崭	ml	展	nae
	蘸	asgo	栈	sgt	占	hk	战	hka	站	uh
	湛	iad	绽	xpg	谵	yqdy	搌	rnae	旃	ytmy
zhang	长	ta	樟	suj	彰	uje	漳	iuj	张	xt
	掌	ipkr	涨	ix	杖	sdy	丈	dyi	帐	mht
	账	mta	仗	wdyy	胀	eta	瘴	uujk	障	buj
	仉	wmn	鄣	ujb	幛	mhuj	嶂	muj	獐	qtuj
	嫜	vujh	璋	guj	蟑	jujh				
zhao	招	rvk	昭	jvk	找	ra	沼	ivk	赵	fhq
	照	jvko	罩	lhj	兆	iqv	肇	ynth	召	vkf
	着	udh	诏	yvk	棹	shj	钊	qjh	笊	trhy
zhe	遮	yaop	折	rr	哲	rrk	蛰	rvyj	辙	lyc
	者	ftj	锗	qft	蔗	aya	这	p	浙	irr
	谪	yum	摺	rnrg	柘	sdg	辄	lbn	磔	dqa
	鹧	yaog	褶	punr	蜇	rrj	赭	fofj		
zhen	胗	ewe	朕	eudy	祯	pyhm	畛	lwet	稹	tfhw
	赈	mdfe	鸩	pqqg	箴	tdgt	珍	gw	斟	adwf
	真	fhw	甄	sfgn	砧	dhkg	臻	gcft	贞	hmu
	针	qf	侦	whm	枕	spq	疹	uwe	诊	ywe
	震	fdf	振	rdf	镇	qfhw	阵	bl	圳	fkh
	蓁	adwt	浈	ihm	缜	xfh	桢	shm	轸	lwe
zheng	蒸	abio	挣	rqvh	睁	hqvh	征	tgh	狰	qtqh
	争	qv	怔	ngh	整	gkih	拯	rbi	正	ghd
	政	ght	帧	mhhm	症	ugh	郑	udb	证	ygh
	诤	yqvh	峥	mqvh	钲	qghg	铮	qqv	筝	tqvh
zhi	埴	ffhg	芷	ahf	摭	rya	帙	mhrw	彘	xgxx
	咫	nyk	骘	bhic	栉	sab	枳	skw	栀	srgb
	桎	sgcf	轵	lkw	轾	lgc	贽	rvym	胝	eqa
	膣	epwf	祉	pyhg	祇	pyqy	黹	ogui	雉	tdwy
	鸷	ryvg	痣	ufni	絷	rvyi	酯	sgxj	跖	khdg
	踬	khrm	踯	khub	豸	eer	觯	qeuf	芝	ap
	枝	sfc	支	fc	吱	kfc	蜘	jtdk	肢	efc
	脂	ex	汁	ifh	之	pppp	织	xkw	职	bk
	直	fh	植	sfhg	殖	gqfh	执	rvyy	值	wfhg

zhi	侄	wgcf	址	fhg	指	rxj	止	hh	趾	khh
	只	kw	旨	xj	纸	xqa	志	fn	挚	rvyr
	掷	rudb	至	gcf	致	gcft	置	lfhf	帜	mhkw
	峙	mff	制	rmhj	智	tdkj	秩	trw	质	rfm
	炙	qo	痔	uffi	滞	igk	治	ick	窒	pwg
	卮	rgbv	陟	bhi	郅	gcfb				
zhong	中	k	盅	khl	忠	khn	钟	qkhh	衷	ykhe
	终	xtu	种	tkh	肿	ekh	重	tgj	仲	wkhh
	众	www	冢	pey	锺	qtgf	螽	tujj	舯	tek
	踵	khtf								
zhou	舟	tei	周	mfk	州	ytyh	洲	iyt	诌	yqv
	粥	xox	轴	lm	肘	efy	帚	vpm	咒	kkm
	皱	qvhc	宙	pm	昼	nyj	骤	cbc	荮	axf
	啁	kmf	妯	vm	纣	xfy	绉	xqv	胄	mef
	碡	dgx	籀	trql	酎	sgfy				
zhu	注	iy	祝	pyk	驻	cy	伫	wpg	侏	wri
	洙	iri	渚	ift	潴	iqtj	杼	scb	槠	syfj
	橥	qtfs	炷	oyg	铢	qri	疰	uygd	瘃	uey
	竺	tff	箸	tft	舳	temg	躅	khlj	麈	ynjg
	珠	gri	株	sri	蛛	jri	朱	ri	猪	qtfj
	诸	yft	诛	yri	逐	epi	竹	ttg	烛	oj
	煮	ftjo	拄	ryg	瞩	hnt	主	y	著	aft
	柱	syg	助	egl	蛀	jyg	贮	mpg	铸	qdt
	筑	tam	住	wygg						
zhua	抓	rrhy	爪	rhyi	拽	rjx				
zhuan	专	fny	砖	dfny	转	lfn	撰	rnnw	赚	muv
	篆	txe	啭	klfy	馔	qnnw	颛	mdmm		
zhuang	桩	syf	庄	yfd	装	ufy	妆	uv	撞	ruj
	壮	ufg	状	udy	僮	wuj				
zhui	椎	swy	锥	qwy	追	wnnp	赘	gqtm	坠	bwff
	缀	xccc	惴	nmdj	骓	cwyg	缒	xwnp	隹	wyg
zhun	谆	yybg	准	uwy	肫	egb	窀	pwgn		
zhuo	捉	rkh	拙	rbm	桌	hjs	琢	gey	茁	abm
	酌	sgq	啄	keyy	着	udh	灼	oqy	浊	ij
	倬	whjh	诼	yey	擢	rnwy	浞	ikhy	涿	ieyy
	濯	inwy	祚	pytf	禚	pyuo	斫	drh	镯	qlqj
zi	恣	uqwn	眦	hhx	锱	qvl	秭	ttnt	耔	dib
	笫	ttnt	粢	uqwo	趑	fhuw	觜	hxq	訾	hxy
	龇	hwbx	鲻	qgvl	髭	dehx	兹	uxx	咨	uqwk
	资	uqwm	姿	uqwv	滋	iuxx	淄	ivl	孜	bty
	紫	hxx	仔	wbg	籽	ob	滓	ipu	子	bb
	自	thd	渍	igm	字	pb	谘	yuq	嵫	muxx
	姊	vtnt	孳	uxxb	缁	xvl	梓	suh	辎	lvl

zong	偬	hxm	鬃	depi	棕	spf	宗	pfi	综	xpf
	总	ukn	纵	xww	偬	wqrn	腙	epfi	粽	opfi
zou	邹	qvb	走	fhu	奏	dwg	揍	rdwd	诹	ybc
	陬	bbc	鄹	bctb	驺	cqv	鲰	qgbc		
zu	租	teg	足	khu	族	ytt	祖	pye	卒	ywwf
	诅	yeg	阻	begg	组	xeg	俎	wweg	菹	aie
	镞	qytd								
zuan	钻	qhk	纂	thdi	攥	rthi	缵	xtfm	躜	khtm
zui	嘴	khx	醉	sgy	最	jb	罪	ldj	蕞	ajb
zun	尊	usg	遵	usgp	撙	rus	樽	susf	鳟	qguf
zuo	昨	jt	左	da	佐	wda	柞	sth	做	wdt
	作	wt	坐	wwf	座	yww	阼	bth	唑	kww
	嘬	kjb	怍	nth	胙	eth	笮	tth	酢	sgtf